新装版

生命の自覚

〜よみがえる千島学説〜

忰山 紀一

笑がお書房

発刊について

本書は、初版から数えて三度目の復刻版となります。その出版の経過は次のとおりです。

初　版『間違いだらけの医者たち』（１９８４年 徳間書店 四六判）
復刻１『よみがえる千島学説 ～間違いだらけの現代医療～』（１９９８年 なずなワールド 四六判）
復刻２『生命の自覚 ～よみがえる千島学説～』（２０１８年 マガジンランド 新書判）
復刻３『新装版 生命の自覚 ～よみがえる千島学説～』（２０２１年 笑がお書房 新書判）

このように、40年にわたる出版経過の間、数々の重版をかさねてきた千島学説の内容を初版当時のままお伝えするために、本書では「まえがき」から「終章」まで、一切の手を入れずに掲載しています。

時代が変わった現在でも、本書の内容はいまだに新鮮さを失っていないのは、今日の医学や医療環境に変革が認められず、むしろ行き詰っているのではないかと思うからです。そして、千島学説を一人でも多くの人たちに知ってほしいという著者の強い思いと、長きにわたり封印されてきた千島喜久男博士の学説が、いつか必ずよみがえることを信じて、三度目の復刻版をお届けいたします。

まえがき
―復刻版に寄せて―

本書『よみがえる千島学説』は、一九八四年三月に徳間書店から上梓(じょうし)した『間違いだらけの医者たち』の復刻版である。初版は刺激的なタイトルだが、岐阜大学の生物学教授であった千島喜久男博士の革新的な生物学理論、すなわち千島学説なるものを紹介し、この学説を採用しないかぎり、現代医療は改善されないと提唱した内容である。改版にあたり原稿に手を入れるのが一般的であるのだが、私はそういうことを一切しなかったので、あえて本書を復刻版と称するのだが、それには幾つかの理由がある。

その最大の理由は、本書が果たすべき使命がいまだに完結していないことによる。私は『間違いだらけの医者たち』の初版がでたとき、これで異端として排斥されてきた千島学説が普及し、その理論でもって医学や医療環境が大きく変革するに違いないと思った。重版を含めて、販売部数五万という数はけっして少なくはない。だが、少数のきわめて洞察力の富んだ思索家から賛辞を得ただけで、孤独であった千島喜久男博士の運命と同様に、私の著述は権威からは拒絶され、私もまた孤立したのである。

私は長い逆境を経験した。逆境はいまも続いているといえなくもないが、昨年の夏あたりから不思議な現象が起こってきた。宗教家、農業家、治療家、ジャーナリスト、医師、薬剤師、看護婦、翻訳家、教師、そのほかあらゆる職業の人たちから、私のところに直接及び間節的に連絡があり、また、いろんなところでいろんなジャンルの人たちが、千島学説を研究していることを知った。

その発信源は赤峰農場（なずな農園）を主宰する赤峰勝人氏の活動によるものであったのだが、知るよしもない私は新時代が到来したと、〝千島学説研究会〟という組織を結成した。その過程で親交が急速に深まり、長く絶版になっていた本書が、赤峰勝人氏が経営する㈱なずなワールドから復刻されるという、思いもかけない運命を得ることになったのである。

著述家である私が、赤峰農法について語る資格はないかも知れないが、赤峰勝人氏のそれは循環農法としてとらえることができるのではないだろうか。千島学説は生物と無生物を含めて、すべてのものは連続していると説く。赤峰勝人氏も千島学説を知る以前から、生物と無生物の連続性に気づき、すべての物質は循環しているという思想に到達している。おそらく、権威ある学術書から得た哲学ではなく、土壌という大自然にむきあい、農作物という尊い生命体に触れ、季節という変転してやまない神秘に接し、その実践を通して獲得した真理に違いない。赤峰勝人氏と千島学説が出会ったということは、人類の将来にとっても、未来の健康にとっても、かぎりなく幸運であると思う。

さて、私は本書を『よみがえる千島学説』と改題したが、原題の『間違いだらけの医者たち』という誤解をうむ刺激的なタイトルを排したかったからである。また、この著述をなしたときの精神は、まさに千島学説をよみがえらせたいという意思が潜在的にあったように思えるからだ。

千島学説は千島喜久男博士の生存中から、学界において黙殺され、あるいは敬遠され、まともな論争はされたことがなかった。没後はある意味で千島学説を口にすることはタブーとされ、それはまさに千島学説を封印するに等しいものだった。私の著述はその風潮に反発し、千島学説を採用しなければ医療改革はできないし、人類は健康になりえないと問うものであった。しかし、先に少し触れたように、私の著述は権威からは無視され、千島学説は再び封印されたも同然の状態であった。

そこに赤峰勝人氏が登場し、絶版になっていた『間違いだらけの医者たち』は『よみがえる千島学説』として、ここに復刻されることになった。著者として感慨無量であるし、赤峰勝人氏こそ、封印された千島学説の真の開封者ではないかという思いが強い。

初版から十四年もの歳月が流れ、本書に引用している資料も、ずいぶんと古きに失している。しかし、千島学説が何たるかは充分に書き込んだつもりであるし、その間、医学や医療問題が本質的に何ら変革していない現状をみると、本書の鮮度はいまなお保ち得ているという自負を感じる。

最後になったが、本書復刻に対して赤峰勝人氏に深く感謝するとともに、初版に尽力していただいた川北義則氏はじめ関係者の皆様に、感謝の念を新たにしている。そして、多くの読者を獲得して、本書の使命を果たしたいと念じている次第である。

一九九八年五月五日

茨木市安威にて　　著者

千島学説との出会い

なずなグループ代表　赤峰勝人

昭和五十六年、十一年間の失敗と試行錯誤の時をいただいて、やっと知ることができた意外な事実！それは虫は害虫ではないというショッキングな事実です。虫は旬でない野菜や、野菜の中に人体を害する亜硝酸態のチッソが入っているものを主に食べて私たちを守ってくれる大切な虫だったのです。偶然な出来事からそのことが解明できました。そして翌年の五十七年に、農薬も化学肥料も一切使わない完全無農薬・無化学肥料で、見栄え、高収量、美味、安全性を兼ね備えた見事な人参が完成されたのです。

翌五十八年の五月のさわやかな風の吹く人参畑で人参を間引いていた時、抜いた一本の人参を見つめて、「そうか！」とひらめいたのです。「すべて回っている」「すべてが円である」という事実を理解したのです。すべてが回っているということを理解して自分の生き方を振り返ってみると、とんでもない生き方をしていたことに気づかされました。さらに社会に目を向けてみると、すべてが円ではなく、回っていないことを知り、せめて自分だけでも円の生き方をしてゆこうと決意しました。

　すると一人の女性が畑仕事をしている私を訪ねてきて、突然「アトピーを治してください。」というではありませんか。アトピーという言葉を聞くのも初めての私に治せるはずがないと断ると「長い間病院回りをしてきたけれど治らない。ここなら治してもらえるかも知れないと聞いたからなんとかしてほしい。」とあまりに熱心に頼まれるものだから、無農薬野菜を完成した理論で食事指導を行なうことになりました。玄米と無農薬野菜と自然の塩を使った食事指導を行ないますと、三ヶ月できれいに治ってしまい、アトピーは病気でも難病でもなく、食事が原因であると知ることができました。

　そんな時、地湧社から出版される『千島学説入門』という本の紹介文とめぐりあい、出版されると同時に手に入れ、読んでいくうちに、血液は骨髄で造られるのではなく、小腸の絨毛(じゅうもう)で造られているのだと知りました。アトピーが治ったのは、食事を変え、塩を変え、腸できれいな血液を造ったからだと理解できたのです。いつも野菜と向き合っていたので、人間の健康の元は食物であり、小腸＝畑、絨毛＝根毛であることがスムーズに理解できたのです。食物を分解するのが腸内細菌であり、畑の中で植物を分解して栄養に変えてくれるのが土の細菌です。土の中も腸の中もまったく同じサイクルで回っているのです。千島博士の言われる宇宙の原理である陰と陽、生命の自然発生説（土の分析を学んでいる時に自然発生説を知る）や生命弁証法で説く大宇宙循環の法が、私のたどりついた「円循環」の世界と同じではありませんか。こんなすばらしい宇宙的発見をなぜ科学者たちは認めようとしないのかと憤りを感じました。「よし、百姓である自分が難病の人と向かい合って千島学説の正しさを証明して広げよう」と決意して、講演や著書で紹介しているのです。

その思いが著者の忰山氏に通じ、手紙をいただきお会いすることができました。そして意気投合し、絶版となっていた『間違いだらけの医者たち』という本を、タイトルを『よみがえる千島学説』、サブタイトルを『―間違いだらけの現代医療―』として、我が「㈱なずなワールド」で再出版できることになりました。これはきっと千島博士があちらから応援していてくれるからではないかと心の底から喜んでいるところです。一人でも多くの人に読んでいただきたいと思います。

目次／よみがえる千島学説

第五章

がんは自然治癒力で治る

第六章 生命弁証法は偉大な哲学である――169

序章

生命は循環的に繰り返す

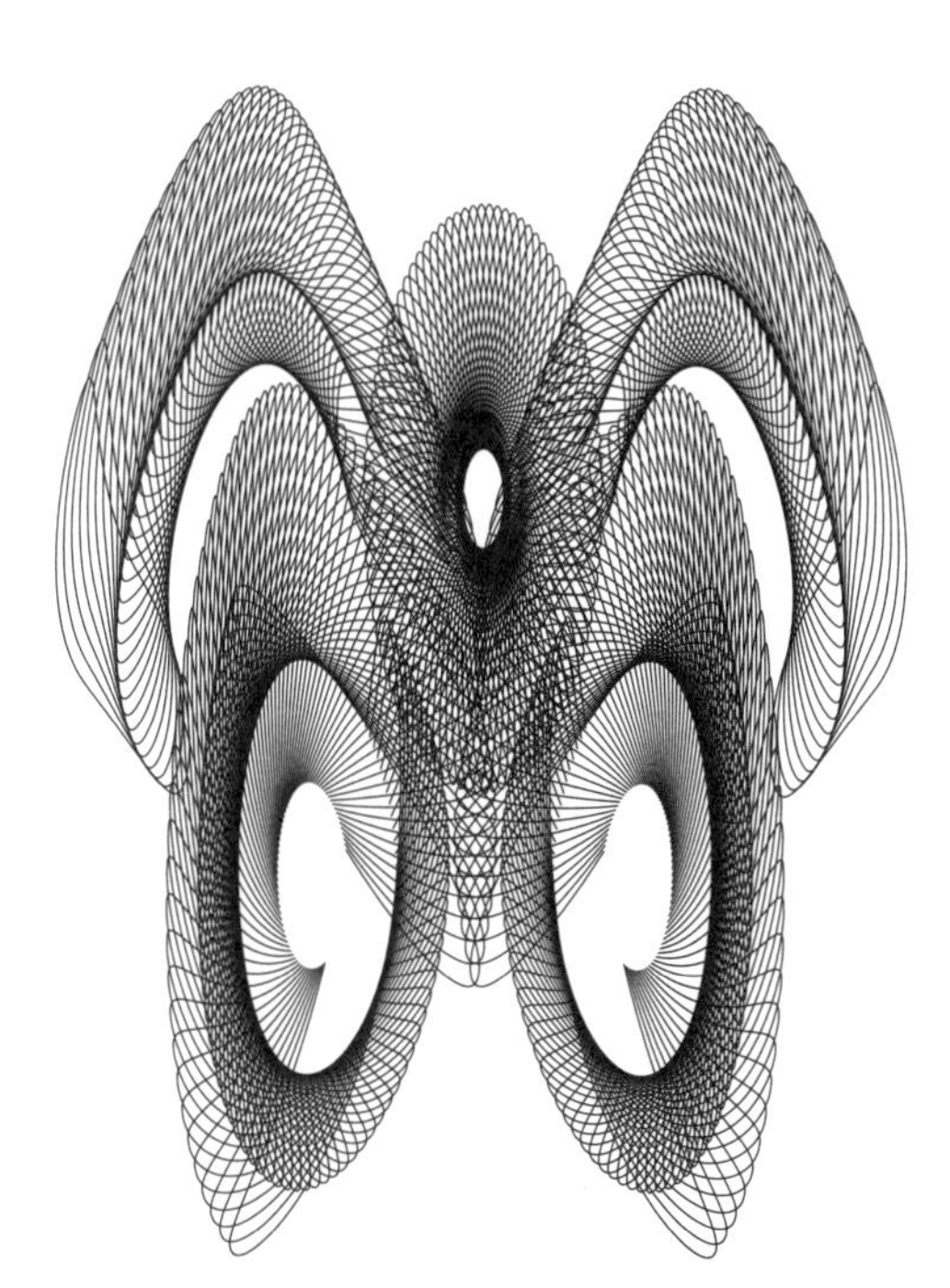

自然は常に変化して不規則である

一九八二年のはじめ、私はマリリン・ファーガソン女史の『アクエリアン革命』を夢中になって読んでいた。アンダーラインをいっぱい引き、「そうだ。その通りだ！」とうなずきながら、しばし胸の高鳴りはやまなかった。

ご存知の方も多いと思うが、マリリン・ファーガソンは三児の母親でありながら、いまアメリカでは最も人気のある講演者の一人として、今日はロスアンゼルス、明日はニューヨークと全米各地を飛び回っている。

彼女の書いた本はそのほとんどがベストセラーになっているが、『アクエリアン革命』（松尾弌之訳）は、その代表作であり、日本でも翻訳されている。

この『アクエリアン革命』(The Aquarian Conspiracy）の〝アクエリアス（Aquarius)〟とは、星占いに詳しい方ならご承知のはずだが水瓶座（みずがめざ）という意味である。しかし、この本の場合は〝透き通った愛と光にあふれた世界〟〝解き放たれた精神の世界〟――彼女はそういったイメージをアクエリアスという言葉に託したのである。

彼女がこの本で一貫して述べていることは、新しい社会や文化を起こそうとする、静かでしかし大きなうねりが、目にもとまらぬ速さで進んでいるということである。

たとえば都市や住宅の問題においても、便利さや効率を追い求める方向から、人間が人間らしく生きるにはどのような環境づくりがよいのかを考えるようになっている。健康の問題でも、新しい薬をどんどん開発していくといった方法ではなく、食事の内容と健康のかかわりを研究する方向に進んでいる。さらに、心の働きが健康に及ぼす影響を深く追究するようになった。細かく専門化してしまった科学を、多少の欠点には目をつむって、綜合された一つのまとまりのあるもので把握しようとする。また教育では人間を中心にした教育をめざす――。

ファーガソンは、こうした新しい考えに立った人が、いろいろなグループやサークルをつくり、やがてそれらがおたがいに連絡をとり合い、新しい文化や社会をつくりはじめるだろうというのである。私がこの新しい考え方に共鳴したのは、彼女と出合う以前から、私がこのような思想を身につけていたからだ。

それはおもに〝科学する〟という面からであるが、私が本書でテーマとする千島学説のものの見方、考え方と、彼女が『アクエリアン革命』で述べていることが、あまりにも一致していることに驚かされた。

この『アクエリアン革命』のどの部分をとってもいいが、いくつかを引用してみよう。

たとえば、

「自分たちが、個々の孤立した存在であり、無関心の海に漂っている浮き輪のようなものだと考えているとしたら、そういう生き方をするし、世界が不変だと確信していれば、変化に抵抗して生きる。ところが世界は変化すると考えていれば、変化のなかで生きることになる」

「自然にはお定まりのやり方というものはない。つまり、理路整然とした基本路線を走るなどということはありえない。もともと自然は広大で神秘的で、大きな力をもっている不規則なものだ」

これらの一文をみても、同じ考え方が千島学説をとなえた千島喜久男の遺した著書のなかに見られるのだ。

ファーガソンが、社会や人間を観察して直観的に知り得た自然や生命のおきては、千島が科学する上で考えだした方法、つまり後に説明する生命弁証法と、まったく軌を一にするように私には思える。千島は、生命や自然は左右が対称的ではなく、少しゆがみをもっていると言った。そしてそのゆがみこそ発展するちからのもとであると言ったのだ。これは変化しないものに進歩はないというファーガソンの考えと附合する。

ただ、ファーガソンが詩的な文章で綴ったのに対して、千島のそれは生まじめで、それに少し理屈っぽいというだけである。

油虫（あぶらむし）には羽があるが、卵からかえる子には羽がない。だが、増えすぎて過密状態になると、不思議にも羽のはえた油虫が現われ、どこへか知らないが飛び去るという。

これは自然の妙だが、千島もファーガソンも羽のある油虫の卵ではなかったか、と私は思う。東洋の哲学を〝科学する〟ことにとり入れた千島喜久男と、アメリカでもっとも進歩的なマリリン・ファーガソンが、ともに同じところから自然や社会を眺めているということは、偶然にそうなったとはどうしても私には思えない。

千島学説はノーベル賞に値する

さて、千島学説について、それを提唱した千島喜久男博士という学者を、どれだけの人が知っているだろうか。彼の研究のほとんどが闇から闇へと葬られたため、おそらく一般では知らない人がほとんどではないかと思う。

端的に、人名辞典ふうに紹介すればこうなる。

「千島喜久男。一八九九年岐阜で生まれる。生物学専攻の岐阜大学教授。医学博士。千島学説と称して〝赤血球分化説〟〝細胞新生説〟〝腸管造血説〟など異端の説を唱えた。その学説は日本ではうけ入れられず、むしろ外国で有名になっている。一九七八年、七十九歳で没」

とでもなろうか。

千島の新説のどれひとつをとりあげても、ノーベル賞に値する研究であったと私は信じている。たとえば、血液は肉体である細胞に変わるという説（赤血球分化説）ひとつをとりあげても、世界の生物学の教科書を全面的に書き直さなければならない、驚くべき発見だったのである。

しかし、これらの発見は、あまりにも現在一般に信じられている科学と対立するため、結局認められなかった。

千島喜久男博士は、百年早く生まれすぎたという人がいる。それは、千島学説が一般の人たちの健康の知恵として普及するには、あと五十年はかかるだろうというわけだ。

たしかにそうかも知れない。しかし、現実の医療制度を眺めたとき、悠長に五十年も待っていられない。私たちはいますぐ千島学説を知り、医師の手のうちに入ってしまった医療を、もう一度私たち自身のものに取り戻さなくてはならないのである。これは今日、明日のさし迫った問題である。

では、いったい、千島が本当に探究しようとしていたものは、何だったのだろうか。

それは広大で神秘的でそして不規則な、自然と生命の法則を知ることだった。

千島はその自然（生命）の法則を、晩年になって生命弁証法というかたちでまとめあげた。

仏教の教えでいえば諸行無常である。すなわちすべてのものは変化し、この世の中で変化しないものは何もないということだった。

それは、三千年も前にギリシアのヘラクレイトスが到達した「万物流転」の考え方と同じである。千島自身の言葉を借りれば、「この世の中に真理があるとすれば、すべてのものが変わるということこそ、変わらない真理である」という、なんだか禅問答のような答えだった。

そして、彼は「死から生がうまれる」という宗教的なテーマを、科学的に証明して見せたのである。そこにいたって、科学する人と同時に哲学する人だった彼の学問体系が完結したように思う。

千島はその自説によって、バクテリアを親なしで生ませたり（バクテリアの自然発生説）、私たちの体を流れる赤血球を、脳、神経、心臓から髪や爪にいたるまでのすべての細胞に変化させた（赤血球分化説）。また逆に、細胞から赤血球に再び戻してみせたりもした（血球と組織の可逆分化説）。そして、こともあろうに、造血の場所を骨髄から腸に移し変えたのである（骨髄造血説を否定して、腸管造血説の提唱）。

「そんなバカなことはない」

現代、一般に信じられている科学からみると、これらの千島の見解はまったく常軌を逸している。

だが、バクテリアにも精神があり、組織化する能力があることを知る千島にとって、現代の科学に反するそれらのことがらは、何のふしぎもなく、ごくあたりまえの出来ごとなのだった。

当時の血液学の第一人者だった京都大学の天野重安教授は、その千島の見解に対し、

「一度、精神鑑定してもらってはどうか」

とまで言ったそうである。

たしかにそれも分からなくはないが、科学の新しい理論は、えてして最初は奇異にうつるものである。

近代の量子力学の基礎をつくったデンマークの物理学者ニールス・ボーアは、

「一見まっとうにみえる考え方には望みがない。ほんものは常軌を逸しているものだ」

と、言っている。

ニールス・ボーアではないが、私は一般に信じられている科学にまったく対立する千島学説に、大きな望みを抱いているのだ。

生物学の基礎を覆す千島学説

千島学説とはどのような内容なのか。簡単に紹介しておこう。

中学生くらいならわかるはずだが、現代の生物学、医学、農学は、およそ次の五つを基盤としている。

(1) 突然変異によって現存の生物は進化してきたものであり、環境に適したものだけが生き残った。（漸進的変異による進化の否定）

(2) 生まれた後にその環境によって得た特性や性質が、子に遺伝することはない。（獲得性遺伝の否定）

(3) 生殖細胞（精子、卵子）は、からだの細胞とは関係のないものである。（生殖細胞の体細胞由来説の否定）

(4) バクテリア、ウイルスといえども親から生まれる。腐敗したものから自然に発生するということはない。（生命自然発生説の否定）

(5) コムギがコムギから、人間が人間から生まれるように、細胞は細胞から分裂というかたちで生まれ、増えていく。（細胞新生説の否定）

この五つを基礎にして、現在の生物学や医学、そして、農学や栄養学もなりたっている。いいかえればカッコのなかの五つの否定が基礎になっているのだ。ところが千島は、彼なりに研究し観察した結果、それらのどれひとつとして事実ではないことをつきとめたのである。ひとつでも一致すれば、現代科学との妥協があったかも知れない。しかし、千島は生物学の基礎を根底から否定してしまったため、彼の考え方は異端の説として、学界から閉め出され、迫害されることになったのである。

その千島説の内容を見てみよう。

(1) 血液（赤血球）はからだの組織に変化する。（赤血球分化説）

(2) 赤血球は骨髄で造られるのではなく、消化された食べものが腸の絨毛（じゅうもう）で変化したものである。血液は食べものからできる。（腸管造血説・赤血球起原説）

(3) 栄養不足のときや、大量の出血のあと、また病気などのときには、からだの組織から血球に逆戻りというかたちが見られる。血液は骨髄から造られるという定説は、これを見誤ったもの。（赤血球と組織の可逆分化説）

(4) がん細胞は赤血球が変化してできる。からだが病気の状態のとき、悪化した赤血球が集まり溶け合ってがん細胞に変わってゆく。また炎症も、赤血球がからだのその部分に集まって変化して生じたものである。肉腫や他の腫瘍も同じである。（がん細胞の

(5) 血球由来説・炎症その他病的組織の血球由来説）

負傷が治っていく現象も、その部分に赤血球が集まって、からだの再生と修復をするからである。（創傷治癒と再生組織と血球分化説）

(6) バクテリアは親がいなくとも、有機物の腐敗、その他の状態で、その有機物を母体として自然に発生する。（バクテリアの自然発生説）

(7) 毛細血管の先端は開いていて、赤血球はそこから組織のすき間へ自由に出ることができる。（毛細血管の開放説）

(8) からだの組織（細胞）は分裂によってのみ大きくなるというのは正しくない。細胞は細胞でないもの（赤血球）から新しく生まれ、からだは大きくなり、またその大きさを保つ。（細胞新生説）

(9) バクテリアから人間にいたるまですべての生物は、「親和力または愛」という精神的なものをもつ。

(10) 生殖細胞（精子・卵子）は、からだの組織と別のものではなく、からだの組織のひとつである赤血球が変化したものである。（生殖細胞の体細砲由来説）

(11) 生物が生まれてから一生の間に、その環境によってはぐくまれたかたちや性質は、子に遺伝する。（獲得性遺伝の肯定説）

(12) 生物が進化してきたもっとも大切な要因は、環境に適合した強いものが生き残ったのではなく、同じ種類の生物の助け合い、または違った生物との助け合いという、共生現象によるものである。(進化要因における共生説)

(13) 生命は時々刻々として変化してやまない。その変化の働きは、生命や自然がその本質にゆがみをもっているからである。(生命弁証法・科学的方法論)

(14) その他

以上が千島が提唱した学説、理論のおよそである。どれひとつとして、いまの科学の常識にあてはまるものはない。そして、これらの新説はほとんど千島喜久男がはじめて世界に先駆けて唱えた説なのである。

そこで、ある学者は千島に言った。

「あなたは既成学説に反対することを、その出発点にしている」

そのようにまで言われたのである。それに答えて千島博士は言った。

「もともと私も既成学説を習って育った人間である。ながらく、既成学説にそって研究してきた。しかし、いままで信じられてきた科学と、事実がどうしても違っているため、その事実に合わせて新説を唱えたのだ。反対するための反論ではない」

存在するものすべては連続している

千島学説をできるだけ多くの一般の人たちに分かってもらうことが本書の第一目的である。それには専門用語を避けて紹介するつもりである。そして、第二の目的はその理論を私たちの幸福や健康のため、実生活に役立てていただきたいということだ。私はこの第二の目的に本書を手にした意義を見出せると思っている。

そこで、千島学説の内容に入る前に、この理論を唱えた千島喜久男その人の生涯を、ざっと追いかけてみて、その理解の助けとしてみたい。

福井に住む勝見数見(かつみ)氏という療術師が開発した指圧温灸器で『健康器マーシーセブン』というのがある。私は当時、その健康器の普及のための企画担当をしていた関係上、岐阜県各務原市の千島教授の自宅を訪問し、その健康器の推薦文をもらおうと出かけたのだった。

千島教授の名は東洋医学の方面では有名で、私もその名と、異端学説で学界ではつまはじきにされているという程度の知識はもっていた。だが、実際には千島学説のなんたるかは知らなかった。

「異端学説といわれているのだから、どうせわけのわからない、それも古色蒼然とした理論でも唱えているのだろう」

私はそれぐらいに考えて千島教授に逢いに出かけたのである。

一九七六年の四月はじめのことだった。

晴れて暖かいその日、私は応接室に通され教授と向かい合った。書棚には洋書がいっぱい並んでいて、顕微鏡とその標本の箱がうず高くつまれている。千島教授のうしろには窓があって、庭の楓の緑が美しく、そして午後の日ざしがその窓を通して応接室にさし込んでいた。

千島教授は補聴器をつけていた。そのとき教授は七十六歳、私は三十五歳だった。

「あなたの吐く息は私の口から肺にとどいています。私の吐く息もあなたの肺にとどいています。あなたと私はこの部屋の空気を共有しているのです。あなたと私。人間と人間。大自然と人間。無機物と有機物。生物と無生物。この世の中で無関係なものはありません。すべてのもの、この大宇宙に存在するすべてのものは、みな連続しているのです」

このときの教授の言葉は、強烈な印象としていまでも私の頭にのこっている。

教授はつぎつぎと浴びせる私の無遠慮な質問に対して、実に親切に答えられた。教授の話の半分も理解できなかったが、直観的に千島理論のすごさを感じとっていたのだと思う。

「この人はただ者ではない」

話の内容はまぎれもなく学者のそれであったが、その語り口にはどこか高僧のイメージが漂っていた。

文学仲間では、敬服することを俗に「嚙まれる」と表現する。私はそのとき、千島教授に嚙まれていたのだった。

私が千島教授の著書を読みはじめたのはそれからである。千島教授はその二年半後の一九七八年の秋に亡くなられたが、私はその短かった二年ちょっとの間、何十回という教授の講演会を企画した。そして、教授の鞄をもち、個人的にも薫陶を受けたのである。千島の最後の弟子と私が自称するのはそういういきさつがあったからだ。

彼は〝十九世紀の遺物〟だったのか

千島喜久男教授は、明治三十二年十月、岐阜県高原(たかはら)郡上宝(かみたから)村に生まれた。西暦では一八九九年である。

「私は十九世紀の遺物である」

教授はよくそのような冗談を私たちに言っていた。

教授との出合いがあってちょうど七年目、一九八三年の四月、私は教授の夫人、恵子氏と、長男、明氏の案内で上宝村の教授の生家をたずねる機会を得た。飛騨高山からさらに車で二時間余、私はここで満開の山桜を観た。

村からは北アルプスの山々が眺められた。笠ガ岳、槍ガ岳、穂高、焼岳、乗鞍など雪を被った三〇〇〇メートル級の山々が、手のとどくところにある。教授の少年時代には焼岳は噴煙をあげていたことだろう。

冬は雪に閉ざされるこの上宝村で彼は小学校まで育ち、その後、石川県立農学校の獣医科へ。

「普通科目はほかの中等学校にくらべてはるかに劣っていたが、生理、解剖、内科、外科、細菌、薬学などの専門科目は非常に高度で、それが後年の研究に役立ったように思う」

千島教授はそのような思い出を話されたことがある。

石川県といえば前田侯の領地だった。千島は県立農学校を首席で卒業し、前田侯爵から銀時計をもらい、父母をよろこばせたこともある。

農学校を卒業した千島は、学校の世話で滋賀県水口町にある渡辺牧場へ就職した。ところが牛乳配達ばかりさせられる毎日だった。

彼は今の仕事が自分にはあっていないことに気づき、やがてもうひとつ上の学校に進学しようと決めた。

しかし両親に相談したところ資力がないからと反対された。だが、幸いにも県会議員の大坪顕長氏が、学資を融通してくれることになった。

そこで牧場をわずか六ヶ月でやめて上京したが、生活が苦しくなり思案にあけくれたあげく、小石川の飛驒学寮を訪ねてみた。この学寮は飛驒から東京の大学その他に遊学している飛驒の子弟の寮だった。

そのとき、玄関にあらわれたのが滝井孝作氏である。滝井孝作といえば今では有名な作家として知られているが、当時はまだ一介の書生にすぎなかった。

滝井氏の世話で、千島は神田の竹本曜二という特許弁理士の家の書生兼家庭教師として使ってもらうことになった。

千島はそこから毎晩夜学に通った。そして数学と英語を受講した。

「数学も代数、平面、立体幾何、三角などは農学校出の私には荷が重すぎた。一通りついていけるようになるまでには、六ヶ月かかった」

このようにして、受験の学力をつけ盛岡高等農林学校に入った。

千島が盛岡高等に入学した年の秋、母を失い、翌年春、父を失った。千島はまだ二十歳。下に二人の妹と一人の弟がいた。

蓄えのない苦しい生活のなかで千島はますます勉学にはげんだ。千島はクラスの首席に与えられる特待生となり、授業料、寄宿舎の舎費が免除された。さらに、陸軍の依託生採用試験にも合格して、毎月二十五円の手当が支給された。

「これで大坪顕長さんから学資の援助を受けずにすんだ」

と、千島は言っているから、当時の二十五円はかなり助けになったにちがいない。

成績優秀ということで、恒藤奨学賞典を受けて千島は盛岡高等を無事卒業した。そして、陸軍から奨学金を受けていた関係で、東京の第一師団野砲連隊に就職した。

三ヶ月の見習い士官の後、少尉に任官、千島喜久男少尉が誕生したのである。

自然界には矛盾と回帰がある

千島が陸軍の獣医官として勤務していたときのことである。

夏のある日曜日、千島は一人で世田谷付近の武蔵野を乗馬で散策していた。そのとき、天の啓示のように偶然、次のようなインスピレーションが浮かんだのである。

「人間は生まれ、成長し、そして老化すると再び幼児に戻る傾向がある。そしてこれは人間だけではない。生物やさらに広く自然界にもこのような繰り返しと、一種の矛盾と回帰がある。これは何か大自然の大きな法則のあらわれかも知れない」

千島の脳裏に浮かんだこの考えこそ生命弁証法の着想のきっかけだった。この若き日の千島の考えが、彼の一生を支配したのである。

やはりその頃、千島は丸善で〝Outline of Science〟という雑誌を買っている。その雑誌に、当時世界的に有名な英国の物理学者ラザフォード卿の『原子の構造と太陽系』という平易な記事が載っていた。

「物質の最小単位である原子は、中心にプラスの電荷（でんか）をもつ陽子（プロトン）があって、その周囲をマイナスの電荷をもつ電子（エレクトロン）が、驚くべき速度で回転している。それは太陽の周りを惑星が回っているのとよく似ている」

現在では常識的なことで、誰も驚きはしないが、六十年前にはハッとするような新鮮な知識だったのである。千島はこれに大変な感動を受けた。

「極大の世界である太陽系と、極微の世界である原子とがおたがいによく似た構造をもっているとしたら、その中間にある人間や生物も、また、そうした対立と循環の繰り返しをもつに違いない」

ラザフォードの解説を読み、教授は自分の着想にますます自信をもつようになった。

やはりその頃、千島はニーチェの『ツァラトゥストラはかく語りき』を読み、永劫回帰の思想にも触れている。

「われわれの現在の状態は過去においても無数回繰り返してきたし、未来にも無数回繰り返すものだ」

千島はこのニーチェの言葉にも感動した。

その後、仏教に輪廻(りんね)思想のあることを知った千島は、「すべては循環的に繰り返すものだ」と考え、そして自分のテーマを〝生命の循環説〟とひそかに仮称した。

しかし、これらは同一の軌道を繰り返す円運動ではなく、かたつむりのカラの模様のように、変化と発展性のある螺旋(らせん)運動であることをやがて知るようになった。

そして、その変化と発展性は右と左が少しゆがみをもち、昼と夜といった波動と、春夏秋冬といった周期性が組み合わさっているのだと分かってきた。

そこで千島は生命の循環説をあらためて〝生命現象の波動と螺旋性〟というテーマに発展させていったのである。

大発見につながる事実の重視

その頃、彼の人生の転機が近づいていた。

ドイツ語の夜学に通っていたため、陸軍の演習には欠席がちだった。そしてラフな実験も試みてみたが、彼を満足させるものではなかった。

依託生から職業軍人になったものは、終生軍隊に勤めることを義務づけられている。しかし、二年間勤務して千島はようやく自分が軍人向きでないことを知った。

現役軍人をやめる方法は病気の場合でしかない。そこで千島は親しくしている軍医に、神経衰弱で当分は静養を要するという診断書を書いてもらい、帰省することにした。

そうしたなかで、千島は大学進学を望んだが、妹や弟の教育問題もあり、また当時恵子夫人との恋愛に親戚の反対もあって、千島には悩みの多い時期だった。

恵子夫人は、岐阜女子師範を卒業し、千島の郷里の上宝小学校に赴任した。そして、千島の家に下宿した縁で、文通、恋愛、結婚へとすすんだのである。

陸軍の将校が結婚する場合は、憲兵が詳しく身元を調べたうえで、陸軍大臣の許可がなければ正式に結婚できないことになっていた。だから、神経衰弱で休職療養中の千島が、結婚願いを陸軍大臣に出すのは、考えればおかしなことである。しかし、寛大なはからいだったのだろう、ノイローゼ患者が陸軍大臣の許可を得て、二人は晴れて正式に結婚できたのである。

依頼予備役という辞令をもらって、千島が陸軍をやめたのは一九二四年のことだった。

大学進学は断念し、家の経済整理をした千島は、夫人と妹弟三人をつれて静岡県の藤枝農学校の教諭に赴任した。

ここで千島は、人体生理、衛生、生物学、畜産学などを担当した。教えることは学ぶことでもあった。

二年後、彼は埼玉県の熊谷農学校に転任。教職の余暇はすべて研究に向けた。

彼が最初に研究したテーマが、学校のプールにいた水棲(すいせい)昆虫ハイイロゲンゴローである。この体長一センチ前後で金灰色をした美しい水棲昆虫は、いつもは水底に住んでいるが、ときどき水の表面にあらわれ、翅(はね)と背のくぼみに空気を入れるとすぐにまた水底へ戻る。千島がこのハイイロゲンゴローに注目したのは、水底から上がってくるときも、また下がるときもくるくると、美しい螺旋(らせん)運動をすることだった。

この昆虫の奇妙な螺旋運動の研究は、過去に誰もやっておらず、千島は研究の結果を、学会雑誌『昆虫』に発表した。これが千島の科学論文第一号だった。

次の彼の研究はニワトリのタマゴだった。ニワトリのタマゴは、卵細胞の中でも最大なもののひとつであり、発生学の出発点でもある。それにニワトリのタマゴには、螺旋状の紐(ひも)があり、それに千島は興味を感じたのだ。紐とはタマゴの黄身の両端についている白っぽいもので、食べるとき気味悪がってそれだけをハシで取り除く人もいる。

千島はこの紐の研究で、教科書に載っているタマゴの構造図が事実と一致しないことを発見した。この頃から彼は教科書や、いままで正しいと信じられている学説をむやみにのみこむべきではなく、事実ともう一度照らし合わせてみなければならないという心構えをもつようになった。そしてそれは後年の大発見につながっていったのである。

千島はこの熊谷農学校の教諭時代に『畜産学粋』と『鶏卵全講』という、二冊の研究書を著した。

当時の中等学校ではそうした研究は大学の教授がするものという風潮があり、同僚たちは千島の研究を冷ややかな眼で見ていた。しかし、千島は実験室とトリ小屋の間を、時間を惜しんで駆け足で往復していた。そんな彼を生徒たちは「ランニング先生」と綽名したのである。

その後、研究に理解のある校長をたよって前橋市にあった勢多農林学校に移り、そこでも同様に研究をつづけた。

千島が著したその二冊の書は、文部省の推薦図書となった。まだその頃は、科学の常識に反する異端学説を唱える前であった。

熊谷農学校の教諭時代は、一九二八年から一九三七年までの十年間に及んだ。

「中学校教諭でも、研究に努力をすれば、学位はとれるのではないか」

千島がそうした学問的意欲を燃やしはじめたのはその頃であったようだ。

そして、狭い分野ではなく、哲学、心理、宗教、社会科学、思想など、広い視野から生命を思索してみようと、休日になると東京の図書館に通ったと自伝にはある。

そして、千島は勢多農林学校の教諭を経て九州大学に移るが、生命弁証法の前駆をなす波動生物学の構想は、この時代にかたちづくられていたのだった。

第一章　細胞は新生する

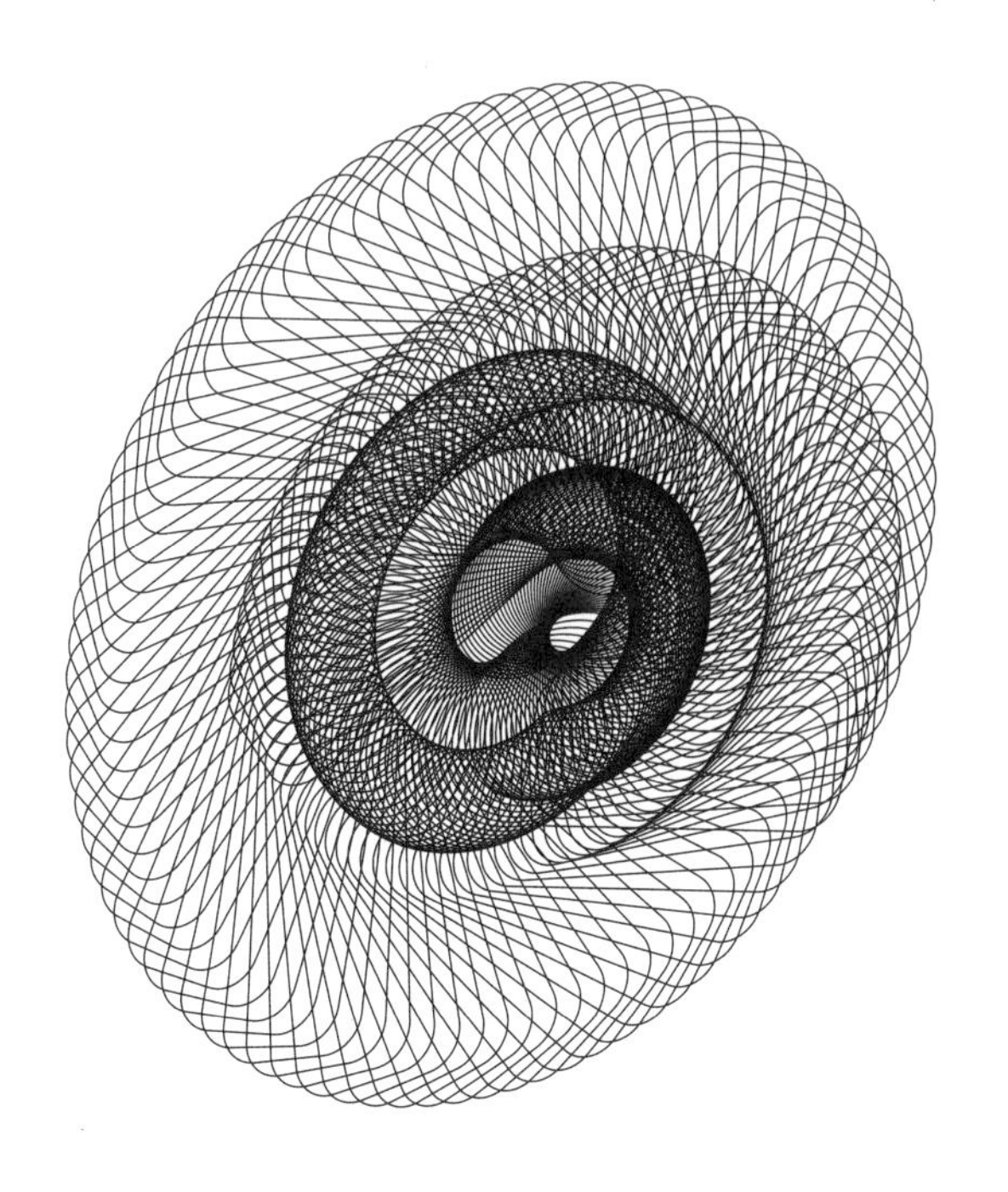

細胞は本当に分裂で増えるのか

驚くべき発見は、常識的な考えや昔からのものの見方を根底からくつがえすが、それが一般の知識となるまでには、かなりの歳月を必要とする。

新しい科学的発見が一般にひろがるまでには、少なくとも五十年はかかるといったのは物理学者のアーウィン・シュレディンガーだ。新発見がなかなか世の中に伝わらないもっとも大きな原因は、仲間である科学者が、その重大性に気づかないからである。

たとえば、素晴らしい文芸作品であっても、それを見る編集者の眼がなければ、世の中に出ない。科学の発見もそれと同じだ。

生物は卵から生まれる。人間も受精卵という一個の卵から生まれる。微生物レベルであるその単細胞が、一つが二つになり、二つが四つになりというふうに分裂して増えつづけて、新生児として生まれる。誕生後も、細胞数は増えつづけ、人間のおとなの細胞数はおよそ六十兆だといわれている。

一個の細胞から六十兆の細胞になる筋道は、いまいったように細胞分裂による。これはドイツの偉大な病理学者、ルドルフ・ウィルヒョーが唱えた説で、世界のすべての学者がそれを信じている。

世界のすべての学者が信じている細胞分裂説に対して、

「ウィルヒョーは間違っている」

と、いったのが千島喜久男なのだ。

千島の「細胞は分裂によって増えるのではなく、体のなかを流れる赤血球が日々細胞に変化し、この肉体をかたちづくっていく」という新説は、医学の根本を変え、私たちの健康にかかわる大問題なのだ。

しかし、この新説は私たちの身近なところにとどく以前に仲間である科学者たちが、

「血液（赤血球）が細胞になる？　そんな馬鹿なことはない」

と、頭からバカにして無視してしまった。

だからいままで多くの一般の人たちには、千島学説がどういうものかさえ知られなかった。

もちろん、千島喜久男博士を知る人も少ない。

赤血球は細胞に分化していた

千島が「そんなバカな！」と仲間の科学者にいわれるような発見をしたのは四十代になっ

てからだった。

彼が発見したものは、ニワトリのタマゴの黄身（卵黄球）が赤血球に変化（分化）し、その赤血球が生殖細胞に変化している様子だった。

「こんなことがあっていいのだろうか」

千島は唖然とその姿を眺めた。

だが、顕微鏡下では赤血球がタコの足状に細胞質を放出し、その細胞質がおたがいに仲間を探し求めあっている。やがてそれらが溶け合い、集団化して、その集団はしだいに細胞核をもつ一個の単細胞になった。

「自分はいったい何を見ているのだろう。生物学のどの本にも書いてないことが、いま現実に顕微鏡の下で起こっている」

千島は自分の眼を、自分の頭を疑った。

しかし、このショックから立ち直ると彼は考えた。もし、自分の頭がおかしくなったのでもなく、眼もしっかりしているのならば、顕微鏡で見たものは、まぎれもないまったく新しい事実である。

「だとすれば、教科書のほうが間違っているのだ」

細胞は細胞から生まれる——これは一八五九年にドイツのウィルヒョーが『細胞病理学』

のなかで発表して以来、生物学の最も重要な根本原理だった。

ところが、千島の見たものは、生殖細胞ではない赤血球から生殖細胞が造られているという現象だった。どうやら、自分は生物学だけではなく、それにつながる医学、遺伝学、細胞学、血液学の定説を根本からくつがえす世紀の大発見をやったのではないか。千島は体のふるえを感じながら考えた。

その頃、千島は中等学校の教諭を退職し、九州帝国大学農学部畜産学研究所の丹下正治教授の助手となっていた。教授は盛岡高等のときの千島の恩師でもある。

千島は当時、四十一歳だったが、研究室での身分は嘱託。四十歳を越して使い走りもしなければならない待遇は、面目がないといえば面目がなく、経済的にも苦しかった。

話は少しさかのぼるが、千島が丹下教授から与えられた最初のテーマは赤血球とは縁のない、乳牛の尿による妊娠診断であった。当時、人間やウマについては、尿によって妊娠の診断ができるようになっていたが、ウシについては世界の学者がまだ手をやいており、難問中の難問であった。

それに、実験材料であるウシの尿を採るのに、大学から自転車で三十分以上離れた大学の農場に行かねばならなかったし、また、妊娠した牛がいつもいるわけでもない。

また、尿の採集も容易ではなく、しかも戦時中のことだから、必要な試験薬も揃わない。

これではとてもこの研究は無理だと考えた千島は、ニワトリのタマゴを材料にした胚の発生を研究するテーマに替えてもらうことにした。

このテーマは、丹下教室にいた三村一(はじめ)助教授が一度研究したテーマで、千島がその研究を引きつぐかたちになった。三村助教授から研究テクニックを習えたこと、九州大学には関係文献が豊富に整備されていたこと、また中等学校の教師時代に研究した経験があることなど、このテーマには千島に幸いすることが多かった。

このとき顕微鏡標本をあまりにもスピーディにつくるため、丹下教授から「もっとゆっくりやるように」と、たしなめられたこともあったという。

中等学校の教師だった千島は、九州大学の研究室に来て念願の研究生活に入れたことと、そこで学位論文(博士号)がまとめられるということもあって、はりきらざるを得なかった。ところが、そこで千島は「赤血球から生殖細胞が新生する」という意外な発見をしたのだった。

この状態を見た千島のショックは大きかった。その事実は生物学の常識を超えていたし、彼自身がまったく予想もしなかったことだからである。

そこで、千島は何百枚というプレパラート(顕微鏡観察のための標本)をつくり、入念に調べた。しかし、何度見ても、細胞は分裂して増えているのではなく、赤血球が変化して増えていた。

「これは大変なことになった。生物学はその第一ページから書き替えなければならない。神は私に大きな仕事をさせようとしている」

千島は家に帰ると逆立ちしてよろこんだと、後に恵子夫人から聞いた。

千島は丹下教授に顕微鏡標本を見せ、この事実を報告した。

「世界一流の学者の説をくつがえすようなそんな大問題を、君が一年や二年の研究で解決できるはずがない。もっと研究してみるように」

丹下教授はそう言って、なかなか承認しなかった。

そこで千島は、また別ルートの実験を繰り返し、赤血球が細胞に変わる（赤血球分化）ことが間違っていないことを確認し、丹下教授に根気よく説明した。

丹下教授もようやく理解し、この研究を学位請求論文として提出してよいという許可を千島に与えた。そのときの彼のよろこびはどんなものだったろうか。

細胞は血球からできるという学位論文

『鶏胚子生殖腺の組織発生並びに血球分化に関する研究』と題する論文が、九州大学農学部に正式受理されたのは、戦後の一九四七年九月である。

論文は正式受理され、主査は丹下正治教授、副査は平岩馨邦教授に決定した。

しかし、からだの組織である細胞が血球からできることが認められると、遺伝学にもいままでの方式は通用しない。皮肉なことに、丹下教授はハトの遺伝学研究で学位をとった人であった。また、当時の日本遺伝学の第一人者田中義麿教授も九州大学に在籍し、丹下教授の研究所の向かいの部屋で研究していた。そのような事情もあって千島の学位請求論文は、遺伝学を変に刺激しないよう、表現にも細心の注意がはらわれた。

論文の提出を終えた千島喜久男は、岐阜高等農林専門学校に移り教諭となった。岐阜農専が岐阜大学農学部に昇格し、千島も講師、助教授を経て、一九五三年に教授となった。

その間、千島の学位請求論文はどうなっていたのか――。

なんと九州大学でほこりを被ったままだったのだ。二年たっても三年待っても、論文審査はいっこうに進められる様子がなかった。

「どうなっていますか？」

千島が九州大学に問い合わせると、丹下教授の返答は、

「一部の人から論文内容に対して反対意見があるから様子を見ているのだ」ということだった。

「反対意見とは、誰がどういうことを言っているのですか」

「それはいまは言えない」

「私の論文の主査である丹下教授、あなたは、この論文をどう思っておられるのですか」

「具体的な反対はない。パスさせようと思っている。だが、いろいろ問題があって……」

　千島にとっては、なんともはっきりしない返答だった。正式に受理した学位請求論文は、四ヶ月以内に教授会に審査報告をする規定がある。副査である平岩教授は、

「この審査には、私も相当期間勉強してかからなければならないから、ちょっと日数を要すると思う」

　と、当初はそのように言っていた。

「私の論文に事実や論理のあやまりがあれば指摘していただき、訂正しなければならない点があれば訂正します」

　千島も副査にそう答えていた。

　ところが、なんとそれから四年後になって、

「自分はこの論文をパスさせる自信がないから」

　と、言って副査の平岩教授が千島の論文審査委員を辞退したのである。

　それを理由に、

「あの論文を自発的に取り下げてくれないか」

と、丹下教授が千島に連絡してきたのだった。

「長い間私の論文を手許に置きながら、私に対して一度も疑問を投げかけず、審査員を辞退することとは割り切れない。いやしくも大学における生物学教授ともあろう人なら、研究成果に対してもう少し批判する自信と権威があって然るべきではないのですか」

千島はそのように抗議した。

「そう言っても平岩教授は辞退したのだ。だから、意を曲げてあの論文を取り下げて欲しい」

「私の書いた論文に対して、事実なり論理に対して不備な点を具体的に示されもせず、うやむやのうちに葬り去ろうとなさるような要請に対しては、私の学問的良心からも、断じて受けることは出来ません。論文が教授会で通る、通らないはもうどうでもいいから、とにかく私の仕事に対する九州大学としてのはっきりした判断、処置をとってください」

彼はそう言って論文取り下げの要請を断固として断った。

日本の生物学界がすべて反対した

このとき、千島の論文は、九州大学の内部の問題ではなくなっていた。日本の生物学界のすべてが、千島の新説にこぞって反対したのである。

「血球は血球である。細胞は細胞である。血球と細胞は別のものだ。その血球が細胞になるなどというのは、たとえてみれば、犬が一晩で人間に変わるといっているようなものだ」

そのように批判したのである。

「犬が一晩で人間に変わるなどと私は言っていない。ニワトリのタマゴの黄身（卵黄球）が血球に変わり、その核のない赤血球が、核のある白血球やリンパ球になり、やがて細胞に移行していく姿を、私は顕微鏡で見た。その事実を言っているのだ。

私の説に反対するのはおおいに結構である。私にも思い違いがあるかも知れないからだ。だが、反対するなら、反対する理由を示して欲しい。ドイツの偉大な血液学や細胞学の書物に書かれていることと、私の新説が違っているから反対するというのでは、私は納得がいかない。私と同じ実験をやり、違う結果が出たのであれば私も納得するだろう」

千島はそのように日本の生物学者のほとんどを相手にして論争したのである。

しかし、千島の論文は約十年間、日の目を見ることなく空しく放置されていた。このような長期にわたって学位請求論文が放置された例は、おそらくあとにも先にもないであろう。

それだけ千島論文を認めるか認めないかは、生物学界にとって、重要な問題だったのである。それは何度もいうように、千島論文を認めると、生物学、遺伝学、血液学、細胞学などの定説がくずれることになるからで、九州大学はもちろん、他の大学からも強い圧力がかかり、通過が阻止されたためだった。

「教科書に載っている定説に調子を合わせ、細かい点をつつくだけのものなら、それは研究というよりむしろ調査とか追試というのが妥当だろう。定説とは対立する新説の提唱こそ学問を発展させるものであり、学界でその正否を検討することが学者の良心ではないだろうか」

千島は一人、学界の風潮に反発したが、その声はとどかなかった。

千島は結局、九州大学に提出した学位請求論文を自発的に取り下げた。取り下げざるを得なかったのである。なぜかというと、丹下教授が停年退官を迎えることになり、千島も師に対してそれ以上がんばり通すのは、日本人的な気質から、できなかったからである。

『鶏胚子生殖腺の組織発生並びに血球分化に関する研究』という、ノーベル賞に値する論文は、十年という年月を経て、またふたたびむなしく千島のもとに戻ってきた。

学者の世界では真理の探究が第一で、事実に対しては正直にそれを認めるものだと私は思ってきた。しかし、真理に対して正義をもち、学問の純粋をつらぬくという学者はまれなのだろうか。丹下教授や平岩教授が千島論文に示した姿勢は、科学者の良心に恥ずべき行為だと私は思うのだ。

千島論文が正しければ、どのような外からの圧力があろうともそれを認め、間違いがあればそれを断固として否定する。それが学者の本当の姿であろう。自分の立場や自分の地位を守ることに意をそそぐなら、それは学問することとは離れた世界である。

科学者も人間であるといってしまえばそれまでだが、学問的な正否を真剣に討論もせず、自己の利害だけで黙殺したりするものだということを、私は千島教授の歴史を調べてはじめて知った。そして、千島喜久男教授は、先駆者だけが味わう苦汁を飲んだのである。

その後、千島は一九六〇年八月三日付で、東邦医科大学から学位を授与された。彼が提出した学位請求論文は、彼にとって枝葉の二次的なもので、新説に関するものではなかった。

学位に不信感をもった千島は、博士号などいらないと思ったが、

「学位がなければ世間に通用しないし、社会的な信用も得られない」

と、家族や先輩、友人に促されて受け入れたのである。

そのとき、千島すでに六十二歳、九州大学に論文を提出してから十三年後の医学博士であった。

大発見は素朴なところから生まれる

岐阜大学での千島教授は、自分の新説をさらに固めるため、実験を繰り返し、新説をつぎ

つぎに発表した。

ところが、千島の説とこれまでの学説の対立がますますあきらかになるにつれ、学会などでの彼の発表は拒否されるようになってきた。学術雑誌もはじめの間は、千島の論文を掲載したが、やがてそれも少なくなり、学会での講演発表も困難となった。とくに、日本で開催された国際遺伝学会や国際血液学会では、千島の発表のチャンスははっきりと遮断された。

そこで千島は、自分の研究結果とその考えを、専門学術書を出して発表しようと思った。『骨髄造血説の再検討』など四冊である。

この四冊には生命弁証法を除く千島の新説のすべてがもりこまれたのである。

「異端の説を唱えていて、よくまあ、停年まで、国立大学教授がつとまったものですね」

千島教授はよくそのような質問を受けた。

この質問は、千島が渡米したとき、アメリカの新聞記者のインタビューでも受けている。

「私は大学の講義で自分の新説だけを押しつけはしなかった。教科書に載っている学説と自分の新説の両方を話し、学生にはどちらが正しいか自由に選ばせてきた」

千島はそう答えたが、そうした彼の態度や人柄、そして良い人間関係に恵まれたことにも支えられてきたのだろう。

彼は無事、国立大学を停年退官し、その後は名古屋商科大学の教授をつとめた。

しかし、岐阜大学において千島は、文部省から個人研究費を一度も交付されたことがなかった。それはやはり、彼が〝教科書の学説〟とは違った研究をして異端の学説を唱えていたからだ。

彼は実験動物に、カエルやオタマジャクシや昆虫など、もっぱら費用のかからないものを使った。設備も満足するにはほど遠く、かろうじて顕微鏡と組織標本を作製する器具はあったものの、薬品戸棚には下駄箱を使用した。

『実験医学序説』をかいた十九世紀フランスの大生理学者クロード・ベルナールは、

「革新的な発見は最新の研究設備をもち、足の踏み場もないほど電線や機械をならべている近代的な施設から生まれるとは限らない。昔から、大きな発見はかえって簡単、素朴な実験設備をもつところで、研究者の独創的な頭脳から生まれることが多い」

と、言っている。

私も同感である。

千島教授の生涯をふりかえってみて、教授はいつも一人で歩き、そして何度も回り道をした。そしてその歩みもおそかった。

研究環境はといえば、とぼしい設備と材料だった。だが、研究心だけは誰よりも旺盛で、そして人の何倍もの時間を費やした。実験だけではなく、千島教授ほどたくさんの本を読んだ学者は、そういないのではないかと私は思う。

自然は彼の情熱に対して、彼にだけ神秘の扉を開いて見せたのではないか。私はそう思えてならない。

新血液理論を裏づけた学者もいる

大学は保守的な社会である。だから千島の独創的な新説には発表の機会をうばい、排斥しようという動きをみせた。

マスコミは千島学説をエポックメーキングな出来事としてたびたびとりあげたが、いくらマスコミがとりあげても学会の反応は冷たいものである。

千島学説の記事といっしょに出る権威者の談話は、およそつぎのようなものだった。

「バカバカしくって話もしたくない」

「赤血球には核がないのですよ。どうしてそれが細胞になるのですか」

「千島という人は、ひどく大まじめに自分の説を守っているのですけど、内容が誤っているのに大まじめだから困る」

「学会は別に迫害しているわけではない。迫害するほどのこともないから、気をつかって無視しているのです」

「千島説は議論の対象にもならない」

もちろん、千島説を評価する談話もあったが、頭から無視している学者の意見がほとんどだった。

千島が一人、学会にたたかれているとき、それを助けるべくあらわれたのが当時、東京歯科大助教授だった森下敬一博士である。氏は千島学説を証明する画期的な実験を成功させ発表したのである。

森下氏はクロロフィール（葉緑素）の生理作用を調べていたとき、赤血球にクロロフィールを作用させたところ、赤血球がおかしなかたちに変化したのを発見した。氏がさらにその観察を続けると、その奇妙な現象は、別にクロロフィールを作用させなくとも起こることが分かったのである。

そこで森下氏は、ウサギの赤血球のかわりに、血球の大きいガマの赤血球を使って実験し、もっと面白いことを発見した。赤血球が変化して細胞核をもつ立派な一個の単細胞になっていくことだった。そして、その新細胞を染色してみると、立派な白血球だった。

この森下氏の実験の成功は、「赤血球は細胞に変化する」という千島説を完全に裏づけたのである。

森下氏はさらにウサギを使って、骨髄では血液はつくられないことを実証した。そして、「血液は腸管でつくられるという千島説は、どうも正しいようだ」と結論し、千島の新血液理論をほぼ全面的に認めたのだった。

この報道は、一九五七年三月二十四日の中部日本新聞（夕刊）に、十段抜きという扱いで掲載された。

これは反響を呼び、千島学説が再びマスコミにとりあげられるようになった。しかし、これもつかの間で、学会の反応は逆にますます冷ややかなものになっていった。

千島学説の正しさを独自の実験で証明した森下氏の実験は、千島学説史上で特筆すべきものであり、その後の千島学説の普及においても、見逃せないできごとであった。

千島理論は東洋医家に支持された

岐阜大学教授を停年退官して、名古屋商科大学へ移ってからの教授は、学会の冷たい反応がイヤになり、もっぱら生命弁証法を深めるといった哲学の方向に著述の時間を使った。

そして、自分の理論を役立てるべく東洋医学や健康産業関係の、理論的指導者として活躍をはじめた。私が千島教授と出合ったのも、そういう状況のなかであった。

東洋医学関係者には、千島学説は歓迎されたが、ある学者をして、「素人筋から千島説賛成論が出て、千島博士の盲信の徒が増えてきているが、千島博士にとって決してプラスしない」と、言わしめたほどだった。

しかし、千島はそんな意見はなんとも思わなかった。

「専門家は頭が古くかたくなっているので、自分が習ったことが正しいと思い込んでいる。科学の大発見の多くが専門外の者の手によって遂げられたように、アマチュアのほうが、直観力が働き、ものの真実を当てるものだ」

千島はそう言って、時間が許せばどんなところへでも、講演に歩いたものである。

すべての学会と縁を切り、素人を相手にした晩年は、やはり学者として幸福でなかったかも知れない。だが、東洋医学者のなかで、千島学説が今日受け継がれているのもまた事実である。東洋医学関係者が千島学説を評価するのは、その理論が実際の治療結果とずばり一致するからである。

一九七八年の春、千島教授はお孫さんを膝に乗せてすべり台で遊んでいて、尾骶骨を打った。私の企画した講演会には出席できず、そのときは教授の愛弟子の伊東祐朔氏がかわりに出席した。

が、そのケガもたいしたことはなく、つぎの講演会には元気な顔を見せ、

「千載の一週ですな」

と、笑っていた。

「千載の一週とはどういう意味ですか」

私がたずねると、

「千年に一度しか出合わないという意味です。本当はいいときに使うのですがね」

しかし、その夏、千島教授は過労で倒れた。ちょうど『女性文明待望論』の執筆中で、その年の夏はとてつもなく暑い日が続いた。

九月には少し回復し、私は長良川の岐阜グランドホテルで教授と会った。

「いろんな革命があるけど、男性社会から女性社会に変わるという革命ほど大きなものはない」

千島教授はそう言った。『女性文明待望論』の内容のことだった。

「北海道の講演会は杖をついてでも行く」

その日も教授は杖をもっていた。

しかし北海道の講演会には結局出席できず、『女性文明待望論』は絶筆となった。千島教授の後ろ姿を見送った岐阜グランドホテルが、私と教授の最後の場となった。

千島教授の葬儀の日は、秋雨の降る小寒い日であった。参列者のほとんどが、いわゆる素人筋の人たちであった。私は教授に最後の別れをするときに心のなかで言った。

「先生！　千島学説はこれからですよ」

絶筆となった『女性文明待望論』が、恵子夫人の手によって出版されたのは翌年の初夏だった。この本の上梓については、千島教授の弟子筋で賛否両論があった。反対する人の理由は、これは研究書ではなく趣味に関する書であるから、千島学説の本質を誤解されるおそれがあるということだった。

それも分からなくはない。しかし、私は賛成の側にまわった。と、いうのは、この書には続編があって、それは書かれなかったが『気の科学』という精神を科学するテーマのものだった。

この二書がそろえば、千島学説の裾野が広がったであろうと思えたからだ。

千島学説は東洋医学関係者だけではなく、西洋医学者にも理解が出てきはじめたのはうれしいことである。

第二章　ベールを脱いだ血液の神秘

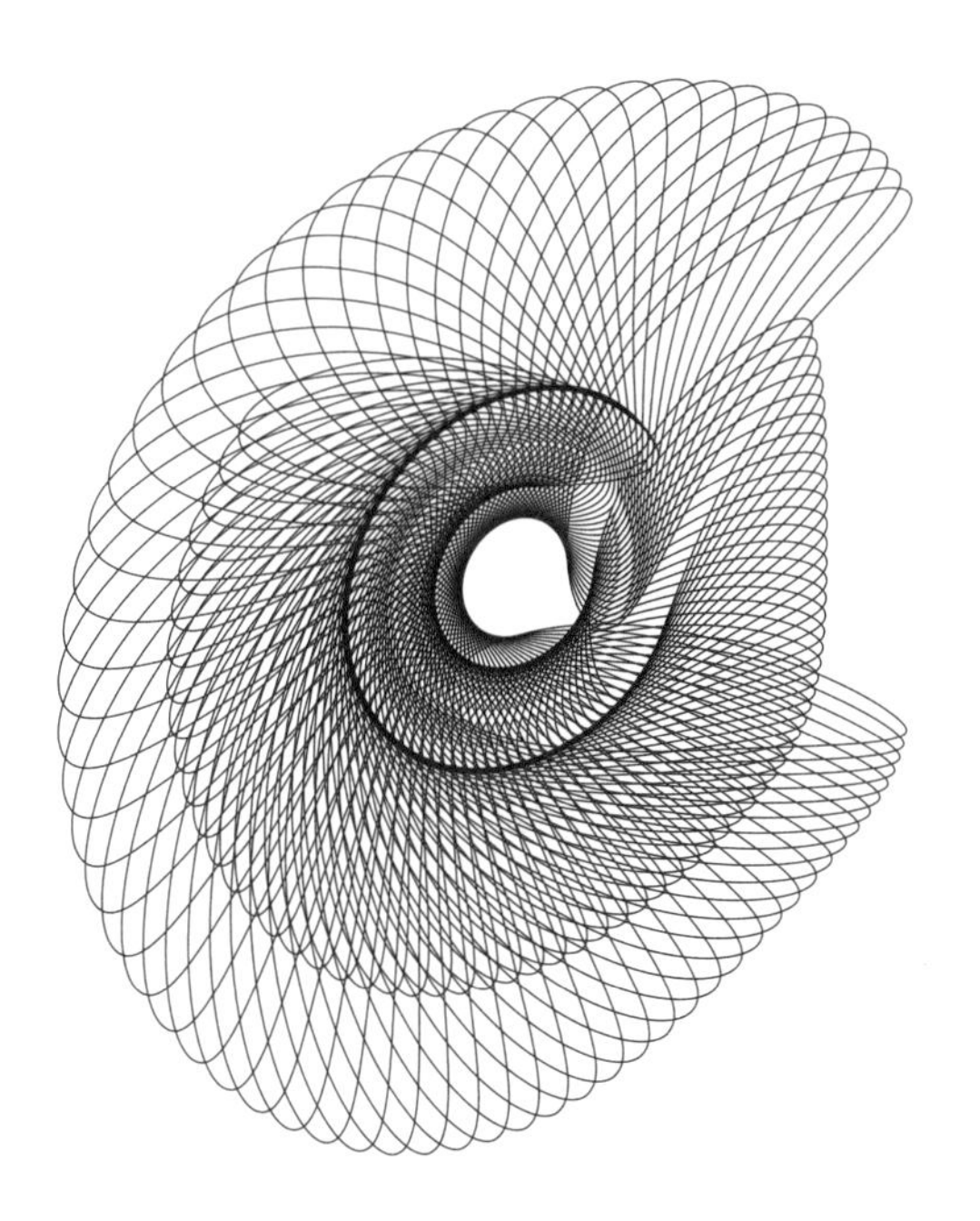

脳細胞のこの疑問に誰も答えられない

現代の医療は、内科、外科、神経科、産婦人科、眼科、耳鼻科等々、分業化されている。だが、ヒポクラテスの言葉を借りるまでもなく、眼は頭についており、頭は胴体についている。眼を治療するのに眼薬をさすだけでは眼は治せない。むろん、医師たるものはからだ全体のあらゆることを学んだ後、自分は神経科を専門にしようとか、父が産婦人科だからそれを継ぐとか、それぞれの分野を選ぶことになる。

ところが専門医になってしまうと、からだ全体のことを忘れ、悪くなった部分、たとえば眼なら眼、耳なら耳だけを治療しようとして、眼と耳の関係を無視してしまう。

耳鼻科に行って、

「眼もおかしいみたいなんですけど……」

と言っても、

「うちは眼科はやってないんです。眼は眼医者さんに行ってください」

と、医師は答えるだろう。

これは医療だけではなく、その基礎に立つ科学そのものが、セクショナリズムにおちていることを物語っているといえる。

医学、農学、薬学などは、生物学という基礎の上に立った応用の学問である。

しかし、血液学は血液学、細胞学は細胞学、遺伝学は遺伝学、分子生物学は分子生物学と、それぞればらばらに研究しているのが現状だ。

「私は血液学者だから遺伝のことはよく分からない」

同じ生物学者と称しながら、ジャンルが違えばまったく分からない学者がいっぱいいる。これは笑い話ではない。

私たちが必要としている科学は、健康で長生きするにはどうすればよいのか、なぜ病気になるのか、また病気になったときどうすれば治るのかという、ひとまとめの知識である。

しかし、現代の科学は私たちのその欲求に答えられないでいる。それは学問が細分化され、その結果、血液学と細胞学が矛盾し、血液学と遺伝学のつじつまが合わなくなってしまったためである。

このことはあとで詳しく触れるが、たとえば細胞学者につぎの質問をしてみたらどうだろう。

「脳細胞は分裂しない。なのに赤ちゃんとおとなではおとなのほうがあきらかに細胞数は多い。そして、細胞ひとつひとつの大きさは、赤ちゃんのときよりおとなのほうが小さくなっている。この矛盾はどう考えたらよいのか？」
この質問に答えられる学者はいないのである。

現代医学の根本が間違っている

細胞は細胞から生まれるのではなく、赤血球から新しく生まれるということを、千島は偶然に発見した。生物学の常識をくつがえすその事実から、あらためて生物学の全体を洗い直してみると、いまの生物学はまったく間違った考え方の上に立っているゆがんだ学問だということが千島には分かったのである。

間違っている根本原因はなにか。それは、生命というものは時々刻々と変化しているから生命であるのに、世界の学者は生命は変わらないものとしてとらえているからだった。

現代のもっとも進歩的な生物学者に、生物とは何かと質問すれば、生物は結局のところひとつの機械だという答えが返ってくるだろう。

「生物という名の機械は、遺伝情報が詰め込まれたDNAというテープをもち、その指令に従って部品ができ、その部品が自動的に集まっているものである。そのテープに新しい情報を吹き込むことはできないから、この機械は一方向に流れていく宿命をもっている」

だが、この考えが間違っていることはすぐに分かる。ここには生物の特性である心の働きがまったく考慮されていない。これでは、物理と化学の法則にだけ従っている物質と何ら変わりがない。

しかし、何よりも間違っているのは、自然の大法則である〝すべてのものは変わる〟ということを無視していることだ。

現代科学の常識では、人間として生まれたら一生人間であるように、生体（からだ）で造られた赤血球は生涯を赤血球で終わるという。

たしかに人間は誕生し、成熟し、そして老化するという肉体的な変化と、考え方が変わるという思想的な変化があるだけで、サルになったり神様になったりはしない。しかし、だからといって、微生物のレベルである赤血球も人間と同じに考えることはおかしい。

赤血球は細胞に変わり、また細胞は赤血球に戻る。この繰り返しこそ自然の本当の姿であり、この事実は見ようとすればいつでも見ることができる。そうした考え方がないために、目の前に起こっている出来事を見すごしているのだ。

千島は血液の研究を中心にして、医学の常識と対立し、生命に対して間違いをおかしている現代科学に挑戦したのである。

人間の血液はどこで造られるか

千島が血液は腸で造られるという説を唱えるまでは、赤血球は骨髄でつくられるものと思われていた。もちろん、現代医学ではいまでもそれが定説になっている。

赤血球が骨髄で造られているのを最初に観察したのは、一九二五年、アメリカのダン、セーヴィン、キャニンガムら三人の血液学者である。彼らはニワトリやハトを九日から十日間絶食させ、そして骨髄を観察し、そこに造血作用があるのを確認した。

しかし、この実験方法はおかしい点がある。どうして長い間絶食させるという異常な状態で観察したのだろうか。また、そうした観察の結果を、健康なからだの場合にも適用して、間違いないのだろうかということである。

また、赤血球の寿命の測定についても問題がある。

人間の場合は百十五日前後ということになっているが、赤血球の測定はラジオアイソトープ（放射性同位元素）でラベルをつけた赤血球を輸血し、その赤血球が生体の血流のなかにいつまであるかを調べ、それがまったく無くなる日までの日数を計算して決める。

だが、これは赤血球のほんとうの寿命とはいえない。

ラジオアイソトープで処理した赤血球は異質なもので、そこに拒否反応が起こり肝臓や脾臓にとどめられて、血管内をスムーズに流れない可能性がある。また、正常な赤血球にもなんらかの影響をおよぼしているかもしれない。

あるいは一歩譲って、ラベルされた赤血球が、正常な赤血球となんら変わりなかったとしても、その赤血球が百何日で生体(からだ)のどこにも見られなくなったからといって寿命がつきたとするのは早計だ。ラベルされた赤血球の崩壊、あるいは死滅を確かめることは誰もできないのだから。

つまり、赤血球は姿を変えて、千島のいう細胞になったかも知れないのだ。この場合、赤血球は私たちの肉体を構成するということで生き残っている。

血液の基本的な点においてもこのようにあやふやなのである。私たちは科学で実証されたことだと、文句なしに信じてしまう。しかし、どのようにしてそれが実証されたのだろうかと、立ち入って調べてみると、疑問はいくらでも出てくる。

ふつう人間の赤血球のかたちは中央がくぼんだ円盤状をしたもので、つまり穴のないドーナツ型だが、その直径は七・五から八・五三ミクロンだと、教科書には載っている。

しかしそれは、血管のなかを流れているときの赤血球のかたちであって、組織のなかに入ったり、また、出血でからだの外にとび出したりすると、円盤状の赤血球は球型に変化する。

すべてのものは、時間の経過や場所の移動などで変わる。ある条件のなかで一定の時間、観察しただけで、そのものをきめつけてしまうことはできない。

千島は、いろいろな血液学の本を読み、生体（からだ）がどうして骨髄で血液を造るという不合理なことをしているのか、納得できなかった。

いろいろな書物にあたればあたるほど、逆に千島の頭は混乱した。大筋ではどの書も同じことを述べているが、細かい点になると諸説紛々で、どれが正しいかどれが間違っているか、わけが分からない。彼がまじめに検討すればするほど迷わざるを得なかった。

「と、いうことは大筋が間違っているのではないだろうか？」

千島はそう考えて、ニワトリ、ウサギ、イヌ、ネコ、カエルなどを材料に、栄養状態の良いときと、そして絶食させたときとを比較しながらさまざまな実験を繰り返したのである。

その結果、食べものの消化物が腸の絨毛（じゅうもう）に附着し、それが腸粘膜に吸収される過程で、アメーバに近い姿に移行し、やがて赤血球に成熟し、それが血管に流れ込むのを確認したのである。

植物には根があってそこから水分、栄養分を吸収して生長している。根が枯れると草や木は枯れる。動物の場合、その根にあたるのが腸の絨毛であったわけだ。

脊椎のない動物は骨髄がないから、血球は消化器でつくられている。しかし、人間や脊椎動物の血球も、発生の最初の段階では卵の表面の絨毛、ついで胎盤の絨毛、生後は腸粘膜の絨毛でつくられることを千島は発見した。これら絨毛はすべて消化器系統に属したところにのみある。骨髄のように消化器と縁遠く、そして絨毛のないところには赤血球は造られない。

しかし、骨髄造血説は現代医学の基礎知識であり無批判に信じられている。それは骨髄のなかに多種多様な細胞があることと、飢餓もしくは栄養不足のときに、造血作用が認められるからである。

だが、骨髄の造血作用は、真の造血ではない。なぜなら、骨髄は健康状態のときは脂肪が充満していてとても血液は造れないからだ。常識で考えても健康なときほど血液はたくさん造らなければならない。飢餓及び栄養不足では血液が補給できないから、細胞が血球に逆戻りしているのである。〝異所造血〟といって骨髄以外に見られる造血作用も同様である。

定説に敬意を表し、現在信じられている骨髄造血や異所造血を、あくまで真の造血とするならば、それは〝第二次造血〟であり、千島の腸管造血が〝第一次造血〟でなければならない。

赤血球に核がないのは何故か

千島は実験と、その結果による考察から、血液の神秘を解き明かした。その新血液理論をもう一度まとめておこう。

(1) 消化された食べ物が赤血球になる。

(2) 赤血球は腸で造られる。

(3) 血管は閉鎖系であり、赤血球が組織にとび出しているのは炎症など病的な場合であるというのは間違いだ。

(4) 毛細血管の先端は開いていて、赤血球は組織と組織の間に入り込む。

(5) 健康で栄養状態のよいとき、赤血球はすべて細胞に変化する。

(6) からだが病気の方向にむかっているとき、赤血球はがん細胞や炎症細胞など病巣の細胞に変化する。

(7) 断食や節食や大量の出血後、あるいは病気のとき、すべての組織細胞は赤血球に逆戻りする。

(8) 負傷などでからだの破損したところを再生するのも、赤血球が組織に変化するからである。

以上のことをひらたく言えば、食べたものが血となり肉となるということであろう。現代医学の常識では、赤血球は老化によって核を失った、死の一歩手前の細胞だという見方をしている。ところが、千島学説では一転して、赤血球は核を得てどのような細胞にでもなれる前途洋洋たるものだという。

鳥類以下の赤血球にははじめから核がある。人間を含む哺乳類の赤血球にだけ核がない。哺乳類の赤血球はそれだけ大器晩成型というのもうなずけよう。

さてこの血液理論は、細胞は細胞でないものからできるという〝細胞新生説〟にもつながっている。細胞新生説で有名な学者にソ連のレペシンスカヤがいるが、これについて学問的に追究するなら、すぐにも細胞の諸問題について述べなければならない。しかし、本書の目的は、あくまで千島学説と私たちの生活のかかわりを目的としているから、よりむずかしくなる細胞学説からはひとまず離れたい。後で述べる千島学説とがん治療のところで詳しく触れ、現実的な問題にあたったほうが、より理解しやすいであろう。

生命の本体は血液である

健康なときには赤血球はからだのすべての細胞に変化するが、からだが病的な方向に傾いているときは、赤血球はがんなど病巣の細胞になる。つまり、生命の本体は血液だというのが千島の血液理論である。

現代科学は、生命を支配しているのはＤＮＡのテープに書き込まれた遺伝情報だというが、そのＤＮＡも赤血球から造られる。「血筋」「血統」などといわれるように、親から受け継ぐ〝血〟こそ遺伝の本体なのだ。

この千島理論からみれば、健康の条件は血液を浄くすることと血液の流れをよくするにつきる。逆に病気の場合は、血液の汚れと滞りが原因することになる。

千島は健康の条件を、〝気血動の調和〟といった。

〝気〟は精神を意味し、〝血〟は血液つまり肉体のことである。〝動〟は運動の略である。これは千島のオリジナルではない。精神と肉体の調和である気血の調和は、三千年も前の古代中国医学の原理である。その頃には運動不足はなかったが、千島は現代人に合わせて〝気血動の調和〟といったのである。

精神の安定　（気）
正しい食生活（血）
適度な運動　（動）

血液は食べもので造られるのであるから正しい食生活がもっとも肝心なのはいうまでもない。千島は生物学者であって専門の食養家ではなかったが、菜食、少食、よく噛んで食べることがよい血液を造る基本だということをやかましく言った。

しかし、いかに正しい食生活を行なったとしても、精神の安定と、適度の運動がともなわなければ健康はたもたれない。精神の乱れは血液を汚すし、運動不足は血液を滞らせることは、いまさら言うに及ばない。千島の〝気血動の調和〟はすべて血液に関連し、血液の浄化を説いたものである。

薬漬けでサリドマイド事件はまた起こる

血液と健康の問題は、千島学説を引き合いに出すまでもなく、私たちが直観的に知り得ていることかも知れない。

しかし、ただ漠然と知っているのと、はっきり認識するのとは違ってくる。もし、医学者や薬学者が血液と健康の問題をはっきり認識していたら、大きな問題にならずにすんだのが、あのサリドマイド事件である。

千島は早くから妊婦がサリドマイド系睡眠薬や、トランキライザー、アスピリン、そのほか解熱剤や痛み止めの薬を飲むのは危険であると警告していた。

母親が健康で正常な生活をした場合の胎児は、まず頭と胴体の部分が発育し、それから肩の部分から手が、腰の部分から足がのびてくる。その状態は、手のつけ根、足のつけ根となる部分に血管と神経が集中し、血球が手や足の筋肉や骨を形成する細胞に変化し、手足が少しずつのびるというものである。

ちょうど胎児が母親の体内でそのように成長する時期に、サリドマイド系睡眠薬を母親が飲むと、その薬物は腸で吸収され、血液中に入って胎盤に運ばれ、それが胎児のからだに入る。

胎児が薬品で麻痺したり鈍ったりすると、血管も血球も発達が不活発になり、手や足の発育はとまってしまう。その結果、手や足の短い、つまりサリドマイド児が生まれる危険性がでてくるのである。千島は「赤血球は細胞の母体である」という自説から、医学会や製薬会社に警告し、一般にも啓蒙した。しかし学会は無視した。

サリドマイド系睡眠薬を飲んだ妊婦から、西ドイツで六千人、日本とイギリスでそれぞれ一千人のサリドマイド児が生まれたことは衆知の通りである。

ところが、アメリカでは一人の奇型児も生まれなかった。それというのも、このサリドマイド系の薬を販売したいという製薬会社の申請に対して、FDA、すなわちアメリカ食品医薬局が、がんとして許可しなかったからだ。奇型児を生む危険性があるとして、これをとめたのは、審査官のケルシー夫人だった。

日本にケルシー夫人のような審査官が一人でもいれば、あるいは千島の警告に耳を傾けていれば、いわゆるサリドマイド事件は起こらなかったのである。

この事件は訴訟問題となり和解が成立したが、といってサリドマイド児の手足が人なみになったわけではない。そして、この問題はものごとを忘れやすい日本人にとってもう過去のできごとになっている。が、現実では、いつ第二の事件が起こっても不思議ではないほど人間のからだに影響する薬は年々増えているのだ。

輸血は危ない！代用液を使うべきだ

血液がその人の生命の本体であれば、輸血は他人の生命をもってきて自分の生命に置きかえているようなものである。一リットルの血液を失ったら一リットルの血液を補充するというのは、人間を機械と考えている現代医学の退廃を示すものだろう。

千島は二十年も前から、輸血の害を訴えている。彼は自説の血液理論から、輸血の危険性を説き、代用液の使用を主張した。

輸血拒否は日本ではあまり聞かない。しかし欧米諸国では輸血拒否運動を続けている二百五十万人のクリスチャンがいる。アメリカのある教会の病院では、交通事故などの出血のため顔面蒼白になった患者に対しても、輸血を一切せず、リンゲル氏液や生理用食塩水、その他の代用液の注射や飲用によってまかなっている。一時的に血液の容積を補充すれば、それで患者は自然に回復する。事実、輸血を常用している病院よりもよほどその病院のほうが、死亡率が低いというのである。

輸血を拒否し代用液の使用を主張するこれらの病院や患者は、信仰によるもの、すなわち神の律法を重んじているためである。

しかし、純粋に医学的な見地から判断し、輸血を避けて代用液を使用して成功している例が、外国では多数報告されている。

いささか古い例で恐縮するが、一九六六年において、ニューヨークの聖バルナ病院の外科で、輸血の代わりにリンゲル氏液を終始使用し、まったくの輸血なしで心臓切開手術を成功させた多くの症例が報告されている。

報告のなかでベーリー博士たちは、

「出血による赤血球の激減や、ヘモグロビン濃度の著しい低下も生命をおびやかすものではなく、また生命の永続的な障害をもたらすものではない。代用液のほうが血漿（けっしょう）や血液そのものの輸血より実際に有効である」

と述べている。

また、Ａ・Ｊ・シャドマン博士は、

「私は二万例以上の外科手術を行なってきたが、輸血をほどこしたことは一度もない。また、そのために患者を死なせたこともない。私は普通の食塩水を多く飲ませただけである。そのほうがいっそうよく、また安全である。血を失ったどんな症例にもこれを使ってきたが、死亡例は一例もなかった。あるときには、チョークのように血の気が失せ、石のように冷たくなっても患者は生きのびてきた」

と、報告している。

このように、輸血を代用液にかえて成功した例はいくらでもある。なのに、危険きわまりない輸血が、あたりまえのように日本の医療では行なわれている。それは、二リットルの血液を失えば、二リットルの血液を補充しなければならないという、間違った機械的な医学を信じているからである。

現代医学では、外科手術の出血を補うためと、栄養補給のためと、この二つを理由にして輸血は常識化されている。

外科的手術はある程度やむをえないものとしても、栄養補給のための輸血は問題である。病気で食欲がなくなれば、栄養不足になる。そこでむやみに動物性タンパクや脂肪を与える。それも患者が食べられなければ輸血によって栄養を補給する。こういう間違った考えが、パターン化されているのが現実である。

野性の動物は、ケガや病気のときには食を断ち、木陰で静かに体を横たえて回復を待つ。これは自然の姿である。彼ら動物は、神から与えられた摂理を本能としてもっており、それを失ってはいない。

なのに人間は、病気で食欲がないのに無理に食事を摂る。それは、栄養をとらなければ体が衰弱するとおそれるからだ。無理をせずに静かに回復を待てばよい。

食物を口から無理に入れるとき、生体（からだ）が必要としなければ、嘔吐という生体の防御反応が働いてくれるから、まだよい。しかし輸血の場合は、生体に反応がないから、それだけに危険性が大きい。

千島学説は、血管内に注入された血液、とくに赤血球は病巣の部分に集まり、病的になっている組織をますます拡大し悪化させるといっている。

だがこの事実は、まだ一般の常識にはなっていない。

医師が知っている輸血のおそろしさ

輸血のおそろしさは、医師自身がよく知っている。

輸血直後に起こる副作用として溶血反応がある。これは不適合な輸血を受けたため、血液のなかに抗体ができて、外から入ってきた赤血球を破壊し、それを溶かそうとする反応である。

この反応が起こると患者は頭痛を訴え、胸や背中が痛みだし、腎臓の機能がおとろえるため毒素の排泄ができなくなる。重症であれば二時間から三時間、あるいは二日から三日で死亡する。

この溶血反応は、防ぐことはできない。どのように適合性を調べて輸血しても、この反応が起こる場合があるからだ。

溶血反応が起こったときの死亡率は五〇パーセント、二人に一人である。血液型の研究が進み、いろいろな分類を行ない、よりよい適合性を調べたところで、血液は原則的には指紋と同じように、その内容はひとそれぞれ異なっている。どんなに医師が努力しても、溶血反応が皆無にならないのは、そのためである。

また輸血後五十日から百五十日の潜伏期を経て発病するといわれるのが、血清肝炎である。

この血清肝炎は、全輸血者の二〇パーセントに発生するといわれている。五人に一人というのはかなり高いパーセンテージだが、実際には、もっと高いらしい。

「輸血によって血清肝炎にかかるものが年間三万人もいる。そのうち、三千人ほどが死亡している。これには潜在性の血清肝炎の数字は含まれていない。だから、少なくとも年間十万人あまりが輸血による血清肝炎にかかっているものと推定される」

これは、一九七一年のアメリカの報告によるものである。

血清肝炎が起こるのは、供血者の血液のなかに肝炎ウイルスがまじっていて、それに感染するのが原因とされている。

輸血以前に肝炎ウイルスの有無を調査すればよいのだが、これまた、ウイルスがまったく含まれていないことを立証するのは不可能なのだ。

「血清肝炎ウイルスを含んでいないという証明はない」

アメリカの一流病院では、輸血用血液を容れた瓶に、このように明記してあるという。

輸血で感染するのは肝炎ウイルスだけではない。供血者が梅毒にかかっていると、血液に梅毒の病原体である原生動物スピロヘータ・パリダがまじる。この血液を輸血されると、梅毒に感染する。

東京の一婦人が輸血で梅毒に感染した。夫は婦人が他の男性と関係したためだと邪推して離婚してしまった。これは輸血学会で報告された実例だが、なんとも笑えない話である。これはまれなことであるだろうが、やはりその危険性は否めない。

また、原因不明の合併症もある。最近になって、発がんウイルスが輸血によって一〇パーセントに近い患者に感染している疑いが強いというデータも発表されている。

以上の例を見ても分かるように、輸血は危険きわまりない。

エイズも血液の病気である

一九八三年になって、アメリカで流行した原因不明の奇病「後天性免疫不全症候群」——すなわちAIDS（エイズ）が、世界的に注目された。

エイズが騒がれた理由はいくつかある。ウイルス説もあるが、伝染経路は不明で病原体も発見されないため、治療法がないということがひとつ。健康な人なら問題にならないような感染症でさえ死亡し、その率が七〇パーセントという高率であることがひとつ。また、アメリカの男性同性愛者に患者が多発しているということも、猟奇的な興味をかきたてた。

日本人がもっとも関心を示したのは、日本国内にエイズ患者がいるか、エイズはいつ日本に上陸するか、ということだった。

ずばり、アメリカから感染する危険性があると指摘したのは、もと厚生省薬務局員の清水晴子氏である。一九八三年七月七日の毎日新聞に発表したその論文によると、日本は血漿分画剤の八〇パーセント以上をアメリカから輸入しているから、その原料の血漿にエイズ患者のものが使われていないという保証はないという。

エイズ問題が起こったとたん、フランスはいちはやく外国の血液の輸入を禁止してしまった。西ドイツ、イギリスも追従した。日本もアメリカからの血漿分画剤の輸入を禁止すべきだというのが清水氏の提案であった。だが日本の厚生省は腰が重く、具体的な動きは見せていない。

エイズもまた血液の病気である。すべての病気が血液の汚れと滞りからという千島学説からみれば、気血動の不調和が病気の原因だから、男性同性愛者に多いのもうなづけるところだ。

いま常識となっている血液学説と千島の新説の血液観では、以上触れてきたように医療の問題、私たちの健康の問題に関して根本的な違いがある。この血液の問題は千島学説の基礎をかたちづくるものであり、そして私たちの生命、健康のすべてにからんでくるのだということを次章以下で、より深く掘りさげていきたいと思う。

第三章

生命誕生の謎をさぐる

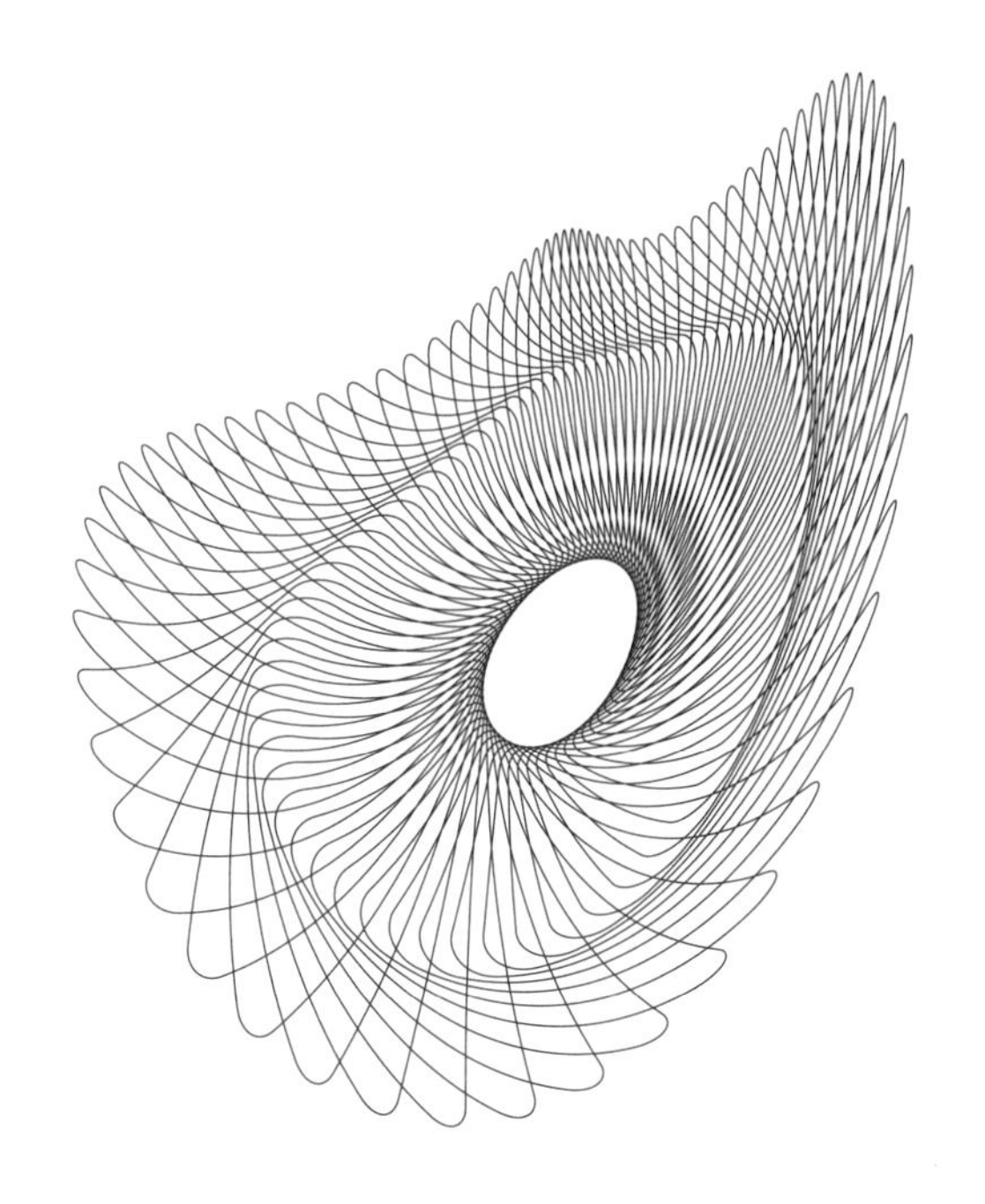

赤ちゃんの腸内細菌発生の謎

地球上に生命がどのようにして誕生したのか、また、いまでも地球上で生命は発生しているのかどうか――これは昔から科学者が夢を抱き続けてきたテーマである。

さまざまな論争が繰り広げられてきたが、今日の生物学者の共通の結論は「バクテリア、ウイルスといえども親なしには自然発生はしない」という生命自然発生の否定で落着いている。

コムギはコムギから生まれ、犬は犬の親から生まれるように、微生物でも親なしでは生まれないというわけである。

定説は徹底している。たとえ人間の腸のなかといえども、一匹のバクテリアも親なしでは生まれないというのである。

しかし、そうなるとこのような例はどう解決するのか。人間の赤ちゃんが生まれたとき、その腸のなかは無菌である。しかし、生後二、三日たつとビフィズス菌という乳酸菌が繁殖する。この菌がどこから赤ちゃんの腸に入ったのかが謎である。

「母乳や粉ミルクを母体にして、ビフィズス菌が赤ちゃんの腸のなかで、自然発生したのではないですか」

私は懇意にしている医学博士で某乳業会社研究所の所長に質問したことがある。

「そんなことは考えられませんよ。まあ、きたない話だが、出産時に赤ちゃんが母親の子宮を舐め、そのとき、ビフィズス菌をとり込んだと思いますよ」

これが所長の答えである。

もちろんこれは所長の想像説にすぎない。赤ちゃんのみんながみんな、母親の子宮を舐めて出てくるとは限らないからだ。

トップクラスの専門家にとっても、赤ちゃんの腸内細菌の発生については謎である。なぜなら微生物の自然発生を信じないからだ。

世界の学者が、これら自然発生の否定をどうしてかたくなに守りつづけるのだろうか。そのもとをたどるとフランスの学者パスツールにいきあたる。パスツールは中学の理科でおなじみの化学者・微生物学者である。

パスツールは一八五九年に、世界的に有名な実験を行ない自然発生説を否定した。この百二十年前の実験結果が、いまもって偉大なるパスツールの名のもとで、世界の学界の定説になっているのである。

このパスツールの説に反対し、バクテリアの自然発生を肯定する説を唱えたのが千島喜久男である。

　食べものから赤血球が誕生するのだから、バクテリアもバクテリアでないものから発生しなければならない。赤血球も単細胞で、微生物と同じレベルのものである。そう考えていた千島は、ついに一九五八年になって、カエルの血液を腐敗させて、そこにバクテリアを自然発生させる実験観察に成功した。バクテリアは有機物の腐敗から新しい生命を得て、親なしで発生したのだった。

　定説を破る千島の快挙は、ほかの新説とは違って不思議と支持者があらわれた。

　赤痢菌の発見で有名な志賀潔氏は、

「滅菌した培養基から細菌はけっして発生しない。これは確信せざるを得ない。しかし、それでもなお、無生物から生物が生ずるということは、自分の脳裡から離れないでいる。そして、この考えは今日にいたるまで捨てたことはない。また、忘れたこともない。しかし、近年になって、四十余年来の空想がどうやら確からしくなり、徐々に証明されてくるような気運が見えだしたのは愉快である」

　と、述べ、千島の名前こそ出さなかったが、自然発生説に消極的ではあるが支持を表明した。

　世界的な食養の大家でもある桜沢如一氏も千島説を支持した。

「パスツールの実験は、大自然を瓶や壷のなかととり違えている。そして彼は細菌の自然発生の否定に熱中しすぎて、その起源について考えることを忘れている」

桜沢はパスツールに疑問をもち、バクテリアの自然発生の可能性を直観で信じていた。それで、千島の新説に自分の考えの結論を得た気持ちで、双手をあげて賛成したのである。

およそ十年後、牛山篤夫、後町(うしろまち)力の両博士は、

「血液銀行で保存する血液は無菌的に処理され、たとえ冷蔵庫のなかにおいても、十日以上経つとバクテリアが自然発生する」

と発表した。

また、科学技術庁の顧問だった斉藤憲三氏は、蒸した米に木灰をふりかけたところ、そこからバクテリアの一種である麹菌が自然発生することを発見した。この発見に関しては工学技術院に追試の実験が依頼された。そして、同院微生物研究所の七宇三郎所長の鑑定により、バクテリア様の微生物が自然発生するという事実が証明された。

そしてまた、千島説を支持する追試の実験結果もあり、一九七三年には、生物学界の大御所である今西錦司氏が、

「バクテリアやウイルスは自然発生すると千島氏は唱えているが、こうした仮説はなりたつと思う」

と、千島説を展望支持するまでにいたった。

しかし、千島のバクテリアの自然発生説もそこまでであった。千島がこの説だけを唱えていたのなら、学界もすんなり認めたかも知れない。ところが、千島はそのほかの新説でも学界と対立している。反響は確かにあったが反発はそれ以上に多く、結局、この自然発生説はほかの新説と同様に黙殺されてしまった。

今西錦司氏ですら、一九七三年の発言を忘れてしまったのか、あるいは考えを変えたのか知らないが、

「現代でも生命の自然発生説を信じるバカな学者がいた」

と、最近では千島を名ざしで批判している。

このように、一度は芽の出かかった千島のバクテリア自然発生説であったが、またもとの木阿弥に戻ってしまい、現在、パスツールの唱えた否定説が依然としてそのまま信じられている。

パスツールの実験にはトリックがあった

パスツールの説は事実ではない。だとすると彼の実験は間違っているか、あるいはその結

果の判断を誤っていたことになる。

パスツールはその実験で、フラスコの首を長くして白鳥が水を飲むようなかたちをした有名なフラスコを使った。千島もそのかたちを真似たフラスコをつくり、すべての条件を同じにして、パスツールの実験を追試したのだ。

そのとき、千島は奇妙なことに気づいたのである。つまり、パスツールの説は、実験の範囲では事実であるが、自然界一般の法則にまで拡大解釈するには理論的な矛盾をもっているということであった。

生命の自然発生にはつぎの五つの条件が必要である。

(1)　適当な温度
(2)　水分
(3)　空気
(4)　栄養分
(5)　一定の時間的経過（自然の季節）

パスツールの実験には、これらの条件を充たしているものと充たしていないものがある。

まず第一の条件〝適当な温度〟から考えてみよう。パスツールは肉汁（スープ）を内容物としてそれを摂氏一〇〇度の高温で煮つめたが、自然界にはそうした高温のところはまれである。

摂氏一〇〇度で試験管の綿栓がキツネ色に焦げるまで加熱すれば、バクテリアの栄養源である有機物は熱変性して、自然発生ができないような状態に変質してしまう。自然界にこのような人為的な変化を及ぼすことはとうてい不可能であり、そうした条件を検討することなしに、バクテリアの自然発生を否定したことは、パスツールの実験の盲点である。このような不合理にいままで気づかなかったほうがむしろ不思議といえる。

また生物が生きるために必要な酸素を含む空気を加熱して追い出し、あるいは変化させたのもこの実験の問題点である。生物はすべて呼吸して生きている。バクテリアといえども呼吸をし、酸素なしでは生きていけない。

パスツールの実験は、白鳥の首のフラスコの先端に小さな穴をあけ、空気を流通させていたが、それでは充分ではない。

内容物を煮つめれば空気は水蒸気によって追い出され、冷却すればフラスコのなかは、空気の薄い状態になる。酸素が欠乏している状態ではバクテリアは発生できない。

自然のもとでは空気がいっぱいあり、温度も四季の変化に応じて寒さ暑さを繰り返している。パスツールはそうした自然の状況を忘れて結論を急いだといえる。

また、パスツールは外界での自然の季節の変化、つまり一定の時間的経過をこの実験では無視している。

自然の状態では、寒い冬から春に向かって少しずつ気温が上昇し、そして、春から夏にかけて温度が上がるにつれ、生命はもっとも活発な活動をはじめる。夏は食品が腐敗しやすいように、バクテリアの自然発生も容易ですみやかになる。それは夏が高温だからというだけではなく、冬から春を経て夏になるという、温度の推移が影響してくる。どちらにしてもパスツールは自然というものを無視し、機械論的に生命の自然発生を否定したのである。

パスツールはその有名な実験において、バクテリアの発生は、空気のなかにまじっている細菌やあるいはその芽胞（たね）が、肉汁（スープ）のなかに落ち込んだものと断定した。

彼は、自然発生を否定する実験には、歴史上まれにみる巧妙な仕掛けをあみだしたにもかかわらず、この〝空気のなかの芽胞〟を親として、バクテリアが分裂して増殖することを証明する装置は、まったくつくらなかった。これはパスツール説の盲点中の盲点なのだ。

不思議なことにこのパスツールのトリックに気づいたものは千島しかいない。生命は空気（酸素）がなければ生きられないのだ。パスツールの実験は缶詰の製造などには有効だが、医学にそのまま応用するわけにはいかない。

地球上最初の生物はどうして発生したか

ダーウィンは、人間は神様がつくったものではなく、アメーバのような微生物が進化をかさねて現在の人間のような高等生物になったと、その筋道をあきらかにした。しかし、アメーバはどうしてできたかということについては、「人間の知恵では知ることのできないもの」として、問題の外においた。

パスツールもまた、バクテリアの自然発生を否定したまま、微生物がどうしてできるかという問題を捨ててしまっている。

アメーバはどうしてできるか。この問題に果敢にも挑戦したのが、ソ連科学アカデミー会員のアレクサンドル・オパーリン博士である。

太古の地球には生物は存在しなかった。その地球にいつの間にかアメーバのような微生物が発生し、やがて、そのアメーバが進化をはじめ、人間など高等動物へと分化、発展してきた。では、最初の生物である微生物は地球上でどのように発生したのだろうか。オパーリンはそれは自然発生してこなければならないと考え、地球での最初の生物の発生を研究したのである。

生物が存在しなかった太古の地球には、当然のことながら、生物が生産したり生物に関係する有機化合物はまったくない。したがってはじめは地球上の無機化合物から有機化合物が合成されなければならないわけだ。オパーリンはそこに注目した。

現在の大気と違って太古の地球の大気は、水素、水蒸気、メタン、アンモニアなどがその成分だったと考えられる。これらの成分は、太陽からの紫外線、カミナリによる放電、隕石の落下などによるエネルギーや、そのほか地熱などのエネルギーの影響にさらされていた。

原始の大気はそのようなエネルギーで活性化され、反応し、アミノ酸のような簡単な有機化合物へと進化した。さらに、このアミノ酸が重なり、溶けあってタンパク質が合成される。

これらの有機化合物が当時の雨に溶かされ、そして原始の海水中でタンパク質分子がぶつかりあい、コアセルヴェートと呼ばれる生命体の一歩手前の物質になったと考えられる。このコアセルヴェートが、海水中の有機物分子をとり入れ、成長、同化、異化の能力をもつ、もっとも簡単な生命体に進化したわけである。

このようにオパーリンは、生命の誕生を実にうまく説明してみせた。このオパーリンの研究は、アメリカのユーリーの原始大気成分の研究や、ミラーによる、大気からアミノ酸等の簡単な有機物ができることを証明した実験などによって、いっそう支持された。さらに、アメリカのフォックが、アミノ酸等の簡単な有機物がタンパク質等の複雑な有機物に成長することを実験し、オパーリンの学説は確立された。

オパーリンの大発見は、パスツールによって否定された生命の自然発生をよみがえらせ、ダーウィンの生物進化で触れていない、微生物以前の問題をも解決し、世界の脚光を浴びた。

だが、オパーリンは生物が生物以外から誕生したのは、何億年も前のある時期にたった一度だけであるとして、今日の地球上には生命の自然発生はあり得ないと言っている。その理由は今日の地球上には生命がすでにできていて、地球は新しい生命を発生させる段階をすぎているからだというのである。

オパーリンのこのような考え方は、パスツールの定説を一方では認めているわけである。生命の発生をめぐる問題の解決には、自然発生を否定する古いパスツールの説と、新しく自然発生説を提唱したオパーリンの説が仲良く両立しているという、どこかなれあいのようなものが感じられるのだ。

千島とオパーリンのこんな対話

オパーリンは一九五五年十一月八日、名古屋大学で生命の起源について公開講演を行なった。その講演のあと、オパーリンを囲んで専門的な質疑応答の集いがもたれ、その場に千島も参加し、オパーリンに質問する機会を得たのだった。

「オパーリン博士。あなたは、生物の発生は約三十五億年前のたった一回きりで、今日の地球上には、微生物の発生はないとおっしゃっていますね。そのように、生物の発生を地球史の一定段階だけにとどめるのはいきすぎではありませんか。というのは、食べものが赤血球になり、その赤血球が細胞になる。また、有機物の腐敗からバクテリアが新しく発生するのを私は見ている。これに対して、あなたの見解をお聞きしたいが……」

「千島教授。あなたのアイデアは正しく、かつ、将来の見通しに富んだものであることは私も認める。しかし、それはすでにできている生きた物質から細胞が発生しているのであって、私が問題にしている最初の生命の発生とは、まったく問題が違っている」

「と、いいますと？」

「あなたが問題にしている自然発生は、生命の起源を語っているのではなく、すでにできている生きた物質から細胞が発生し、バクテリアが発生するということを言っているにすぎないのです。それは一番先祖のことでなくて、そのあとの段階のことです。私が問題にしているのは、一番先祖のことです」

「では、オパーリン博士。あなたはリケッチアやウイルスを生命体と考えていますか」

「それはあなたのほうが詳しいでしょう」

「ウイルスやリケッチアは細胞質がなく核がむきだしになったものですから、その意味では無生物です。しかし、自己増殖するなど生命的なものをもっているから、その点からみれば生命といえる。つまり、これらは生物と無生物の中間的存在と考えられます。私が、あなたに失礼な質問をしたのは、これら中間的なものを含め、有機物の腐敗から微生物が自然に発生しているのを、あなたはどのように考えるのかをお聞きしたいからです」

「私はその研究をしていないから詳しいことは言えない。が、いまの地球上に生命が発生する条件がまったくないと言っているのではない。私が現在の地球に生命の発生の可能性がないというのは、生命がすでにできていて、地球は生命の発生の段階を通りすぎてしまったからだ」

「………」

「たとえてみれば、人間は地球の歴史のある一時期に、人間によく似たサルから生まれてきたものだが、現在のサルが人間に進化しつつあると考える人は、おそらく誰もいないだろう。人間の発生は地球の歴史のひとつとして起きたものです」

「………」

「現在それが行なわれないのは、温度や気圧が適しないというためではなく、人間がすでにできているからです。人間はからだの進化を終えて、社会的な進化の段階に入っているのです。同様なことが生命の発生についてもいえるのです」

「サルが人間に進化しないというのは一応もっともなように聞こえます。しかし進化というのはたえることなく変化しつづけるということを根本精神としています。人間は人間によく似たサルから進化しました。同じように、サルはいつまでもサルではない。人類が進化してきた歴史をふりかえって考えれば、サルが現代人と同じコースをたどるとはいえないが、人類に似た方向に少しずつでも変わりつつあるということを否定する理由は、どこにもないのです。むしろ、そう考えるほうが進化的な考え方です」

「………」

「ここではオパーリン博士、あなたに一歩譲り、サルは人類に近づいていないとしましょう。だが、このように最高度に進化した現代人が現在、自然発生しないからという例をもって、一番下等な微生物が今日、自然発生しないこととをいっしょにするのはいきすぎではありませんか。人間と細菌は系統発生の両極端に位置しています」

「………」

「人間は細菌から約三十五億年という気の遠くなるような歳月を経て、進化に進化をかさねて人間になった。一方、細菌は三十五億年間進化をせず太古の姿のままでありつづけているのを、オパーリン博士はどう説明されますか。私は細菌は三十五億年前の細菌を先祖として生まれたのではなく、今日、あるいは昨日、新しく生まれたものと考えます。そう考えれば、三十五億年後の今日、人間と細菌が仲良くこの地球に同居していることに、少しの矛盾もないのです」

「千島教授。あなたのアイデアはおそらく正しいでしょう。しかし、それはもうすでにできた生物から発生した生命ですから、最初の生命の発生ではない。生きものから生きものへの転換にすぎない」

「死んだ生物の蛋白体は、オパーリン博士、あなたがおっしゃるように生物に由来したものです。しかし、死骸は生物の特性をもたないからもはや生物ではない。私はそれを母体にして新しい生命が生まれてくることを言っているのです。それを、生きものから生きものへの転換にすぎないとおっしゃるのなら、私は〝生物ではないが生命をもった物質〟という奇妙な生きものを、認めねばならなくなります」

「細胞構造をもたないものから細胞が発生するというあなたのアイデアは正しい。しかしそれは一度生きた物質から細胞が発生するのだから、生命のできたあとの第一の進化にすぎないのです。私の考えとは大きな開きがある」

「それは考えの相違だから仕方がないでしょう。私はあなたの生命の起源の道筋の研究を正しいと信じ、敬意をはらっているものです。そこで、私はバクテリアの自然発生だけではなく、あなたの唱える、三十五億年前に発生した〝地球で最初にできた生命の一歩手前の物質〟をも、今日発生すると考えているのです」

「それはどうもありがとう。〝地球で最初にできた生命の一歩手前の物質〟は新しく生まれているかも知れない。しかし、すでに生物が誕生している今日の地球上では、それらの生命の餌食になって私たちの目に触れていないかも知れない」

千島とオパーリンは、これとまったく同じ対話をしたのではない。実際は千島の質問に対してオパーリンが一方的に、それもきわめて短い時間に答えたものだ。その二人の話の内容を、私が対話的に演出したものである。

どちらにしても、二人の考えは微妙なところでくい違った。しかし、生命とか生物の概念を統一すれば、二人は歩みよれたであろう。たとえば、

㈠　無機化合物から生命の一歩手前の物質（有機化合物）を経て微生物が生まれる。（オパーリン説）

㈡　生物の崩壊によってできた有機物から細菌が発生する。（千島説）

このように㈠、㈡とふたつに分け、オパーリン説を第一次生命の発生、千島説を第二次生命の発生と呼べば、混乱は少なかっただろう。

しかしオパーリン説は世界でもてはやされ、千島説は黙殺されている。同世紀に活躍した

この二人の巨匠の間に、充分な討議のできる場所と時間が与えられなかったことが残念でならない。二人はただたんにすれ違っただけで、また別の道を歩んだ。が、いま二人は天国で先の対話の続きをやっているかもしれない。

肝炎ウイルスは輸血そのものが原因

この千島説を医学に照準をあてると、いままで考えられてきた伝染病のイメージが、まったく変わってしまう。

たとえば、現代医学では肝炎ウイルスの原因を、供血者の血液のなかにまじっていたウイルスの感染によるものだと説明する。もちろん千島もそれを否定はしていない。そういう場合もあるだろう。

しかし千島は自説からみて、輸血による血清肝炎は、供血者の血液にウイルスがまじっていなくとも輸血という不自然な影響によって起こり得るという。

血液は指紋と同じように百人いれば百人、千人いれば千人の血液型がある。学問上は適合型であっても厳密には不適合である。

いくら新鮮な血液であっても、異種タンパク質が含まれているため、程度の差はあれ、受血者の生体(からだ)は拒絶反応を示す。

輸血を必要とする不健康な体内では肝臓は充血し、その滞った血液が肝細胞に変化してますます肝臓は肥大する。すると細胞の活力が弱まって、そこにウイルスが自然発生するというのが千島の考え方である。現代医学のそれとは、順序が逆である。つまり輸血はどのようなものであれ、血清肝炎の危険性から逃れるすべはないのだ。

先にも述べたが、千島はよりよい血清代用液の開発が急務だという。代用液は腐敗や変質のおそれがなく、保存にも便利で、それに安価でいつでも新しいものが手に入るものでなければならない。負傷や手術などで血液を失っても、代用液で血液の容積さえ補充しておけばそれでよい。からだに必要な脂肪やその他の成分は、細胞が赤血球に逆戻りしておぎなわれるのである。したがって回復が遅れるのは仕方がない。

だが、この危険きわまりない輸血禍は、当分つづくだろう。これをなくするには、私たちが輸血を拒否する強い信念をもつことが第一である。その信念をもてない人は、せめて輸血量を最小限にとどめるべく、医師と相談することをすすめたい。

いずれにしろ、新しい医学が確立したときには、医療から輸血という方法が消え去るだろう。

ハンセン氏病対策には盲点がある

千島はウイルス病は外からのウイルス感染が原因ではなく、悪化したからだの組織から発生するウイルスが原因すると言った。このことはハンセン氏病、すなわちライ病について考えてみるとよく分かる。

ハンセン氏病は、いまではもう死語というか遠い存在になっている。新しい患者の発生もほとんどない。

しかし、現に日本には瀬戸内海の離島やその他で隔離されている患者が、一九八一年十月現在、厚生省調べで八千三百五十人もいる。

なぜ隔離されているかというと、それは伝染病とされているからである。

ライ病の原因についてはじめてその研究を発表したのは、イギリスのハッチンソンである。彼は一八六三年に〝ライ病魚食説〟を唱えた。

彼はライ病が島や海岸、河岸など水と深い関係にある土地に多いことを疫学的に調べた。そして、貧しい生活をして腐敗しかけた魚をたくさん食べている地域で、ライ病が多発していることに注目し、多くの実例をあげてその説を唱えたのだ。

　このハッチンソンの「ライ病は腐った魚を食べたことが原因である」という説に反対して

「ライ病は細菌に感染したために起こる」という説を唱えたのが、ノルウェーのベルゲンの町でライ病療養所所長をしていたハンセンである。

　ハンセンはライ病患者の鼻汁（はな）や傷からでる分泌物（うみ）を顕微鏡で検査し、一種の桿菌（かんきん）、すなわちライ菌を発見したのである。

　ハンセンは一八七一年にそれを発表し、ハッチンソンの説は間違いであると言った。学界はハンセンの、細菌の感染で起こるという説を支持し、それは今日まで信じられ、ライ病のことをハンセン氏病と呼びならわしている。

　しかし、ハッチンソンは自分の考えを正しいと信じ、その後、アフリカの現地視察なども行ない、死ぬまで自分の説に固執したという。

　ハッチンソンはローヤルカレッジの外科部長で、皮膚科の第一人者であり、非常に博学で多くの人の尊敬を受けていた。だが、学界は彼に味方をしなかった。

　というのは、当時のヨーロッパでは、伝染病の原因として細菌説が風靡（ふうび）していた時代だったから、病原菌さえ発見すれば、学者たちはなんの批判もせず、たちまちその細菌説を受け入れたのである。

しかし、現在にいたっても大多数の医学者がこのハンセンの説に疑問をもたず、それを信じている。

ところが千島は、ハンセンの「ライ病は細菌に感染して起こる」という説に反対する論文を書いた。そのひとつが一九七二年に発表した『現代医学のハンセン氏病対策の盲点』である。

千島はいくつかの疑問点を挙げた。そのひとつが、ライ病療養所の医師や看護婦でライ病に感染したものは一人もいないということである。

しかし現代医学では、ライ病は感染してもすぐに発病せず、五年から十年という非常に長い潜伏期を経て、はじめて発病するというのが定説なのだ。

もちろんこれは想像説で、ライ菌に感染した人のからだを調べ、ライ菌がどこに潜伏していて、いつ発病するかということを、五年間ずっと追跡し、実証した学者は世界中に一人もいない。

さらに、健康な人にライ菌を接種する実験をしたところ、皮膚に分泌物を塗布しようが、注射をしようが、感染しなかったというデータがある。すなわち、健康なからだにはライ菌は感染しないのである。

このことからみても、ハンセン氏病は細菌の感染によって起こるという説は矛盾する。にもかかわらず、いまなお伝染病説が根強く生きているのは、ライ菌が存在するというたった一点に固執しているためである。

千島はハンセン氏病の原因を、不規則で不衛生な生活を続けたからだとみる。精神的ストレスがたまれば血液がにごる。不衛生な食事は悪い血液をつくる。怠惰な生活をすると血液は滞り、変化しはじめる。神経の障害があれば、血液から正常な細胞はできず、変質した細胞になるだろう。

こうした悪い条件がいくつかかさなって、からだの組織の細胞が少しずつ老化して壊死（えし）にまで進むのである。

ライ菌に感染してからだが腐敗するのではなく、細胞が腐敗してそこにライ菌が自然発生したわけだ。

ハンセン氏病を伝染病として隔離して療養させるようになってから、確かにこの病気は急激に減少したことは事実である。これは一般には、感染を防いだためと考えられているが、貧しい不衛生な生活者が少なくなり、衛生的な環境が整ってきたためだと解するのが妥当である。

「自分の父が生きていることを、なぜいままで教えてくれなかったのか」

ライ病の隔離療養所で父が死に、はじめて父親の存在を知ったある青年が、母親にくってかかった言葉である。

ハンセン氏病に対する根強い偏見と差別のため、家族は隔離されている患者のところへは、世間をはばかって行こうとしないという。

また、商売がたきの密告によって、強制連行されて隔離された患者もいる。このようなライ病患者の悲劇はいくらでもある。

これは臭いものにはふたをしろ、という日本社会の考え方の貧しさによるものだが、医学者にも責任がある。

一九六〇年からアメリカなどでは隔離方式をやめ、外来を主とする診療に切り変えた。ライ病患者の人権が守られたのだ。日本でも沖縄県だけは、米軍統治下の影響で、いまもひきつづき外来診療をつづけ、効果を挙げている。

医学は人を救うための応用の一方法である。八千人を数える日本のハンセン氏病患者を間違った隔離から解放する義務は医師に課せられている問題ではないだろうか。

伝染病と流行病はまるで違う

千島説から医学を見直してみると、私たちがいままで信じてきた伝染病も、もののみごとにくつがえされてしまう。

一般にはその伝染病がどのような経路を通って感染したのか明らかでない場合でも、ウイルスが患者から発見されれば、それはどこかで感染したものと断定される。

伝染病といえば、細菌、ウイルス、原生動物など、それぞれの病原微生物に感染して起こるのが、常識になっているからだ。

ところが千島は、からだが弱ってくると細胞や組織が病的になり、それが腐敗の方向に変化すれば、そこに細菌やウイルスが自然発生すると説く。

もちろん、はっきりした感染ルートがあり、抵抗力の弱いものだけがその病原菌に感染するという場合もある。これは文字通り伝染病だ。

一方、流行病というのは生体（からだ）そのものが弱っており、加えて気候の変化がはげしいとか、まわりの環境が悪化しているときに、病原体がからだのなかに自然発生し、いわゆる伝染病と呼ばれているものが同時多発的にひろがる場合である。

現代の医療保健では、こうした場合にも、その感染ルートを探すため、昔のマンガに出てくる探偵のように、虫メガネで見ながら犯人の足跡を追うようなことをしている。これはバクテリア、ウイルスが自然発生することを認めないからだ。

だいいち、伝染病の病原菌がからだのなかに入ったからといって、かならず発病するとはきまっていない。

ドイツの有名な衛生学者ペッテンコーフェルは、それを証明するために、自分のからだを実験台にしてコレラ菌を飲んだ。彼のからだは健康だったし、病原菌に負けないという強い確信をもっていたためコレラにはならずにすんだ。だが、彼と一緒にコレラ菌を飲んだ彼の弟子は、半信半疑だったので下痢をしたというような有名なエピソードが残っている。からだも心も健康であれば、病原菌を飲んでも胃の酸で殺菌されるのがふつうである。

千島の新説を医学界が検討すれば、同じ意味に使われている伝染病と流行病の違いが明らかにされるだろう。流行病というのは感染症ではないのである。そして、これによって病気の治療と予防の考え方は、まるっきり変わってしまう。

自律神経の刺激で伝染病が起こる

千島の新説はまるでひとりぼっちなのではない。「病原菌は病気の原因ではなく、病気になった結果である」という千島説を裏づける研究が、いまから四十年も前になされている。フランスの外科医であるレーリィが、一九四三年に唱えた〝レーリィ現象〟というもので、自律神経を過剰に刺激すると、病原菌が外から入ってくるのではなく自然に発生して病気になるという、現在でも誰も言っていない新説をうちだしたのである。

たとえば肺や胃腸などに分布している自律神経にピンセットで刺激をあたえる。または、細菌の毒素をぬりつける。すると、その神経の支配を受けている肺や腸などに病気の症状が起こる。肺には結核のあわつぶができ、腸には腸チフス、赤痢などの症状が起こった。レーリィは実験でそれを実証したのである。

この実験には病原菌は一つも入れていない。ただ自律神経を強く刺激するだけで、伝染病を発生させたのである。これまでの伝染病学説では考えられない革命的な発見だった。

このレーリィの実験は、あまりにもショッキングであったため、かえってたいした反響をよび起こさなかった。日本においてもこの説を本気で追試した人はいないのではないだろうか。おそらくその真価が充分に分からないためであろう。千島一人がこのレーリィ現象を高く評価したにとどまっている。それはいま述べたように、これまでの伝染病学説と真向うから対立し、千島の〝バクテリアの自然発生説〟と、考え方として根本的に一致するからである。

また、このレーリィの考え方は、精神を重視する東洋医学とも一脈が通じるところがある。

というのは強い持続的な感情の激変、いわゆるストレスによって、細菌がなくともそれと同じ病気の症状が起こるからである。精神の起伏と病気の関係が明らかになったわけだ。

千島は血清肝炎は輸血のなかにウイルスが含まれていなくとも起こるといった。すなわち、ウイルスが血清肝炎の原因でなく、肝炎を起こしたため結果としてウイルスが自然発生するのだといった。その事情が、このレーリィ現象によって、うまく説明できるわけである。

そして、この画期的な発見は、千島の〝細菌の自然発生〟を支える重要な実験なのだが、四十年後の今日まで、医学界はこの発見を無視しつづけている。

千島説、そしてレーリィ説にしても、いままでの考え方と根本的に異なる学説は、どこの国でも、いつの時代でも、すぐさま認められるというのは難しいものなのだろう。

第四章

現代医学は人間を無視している

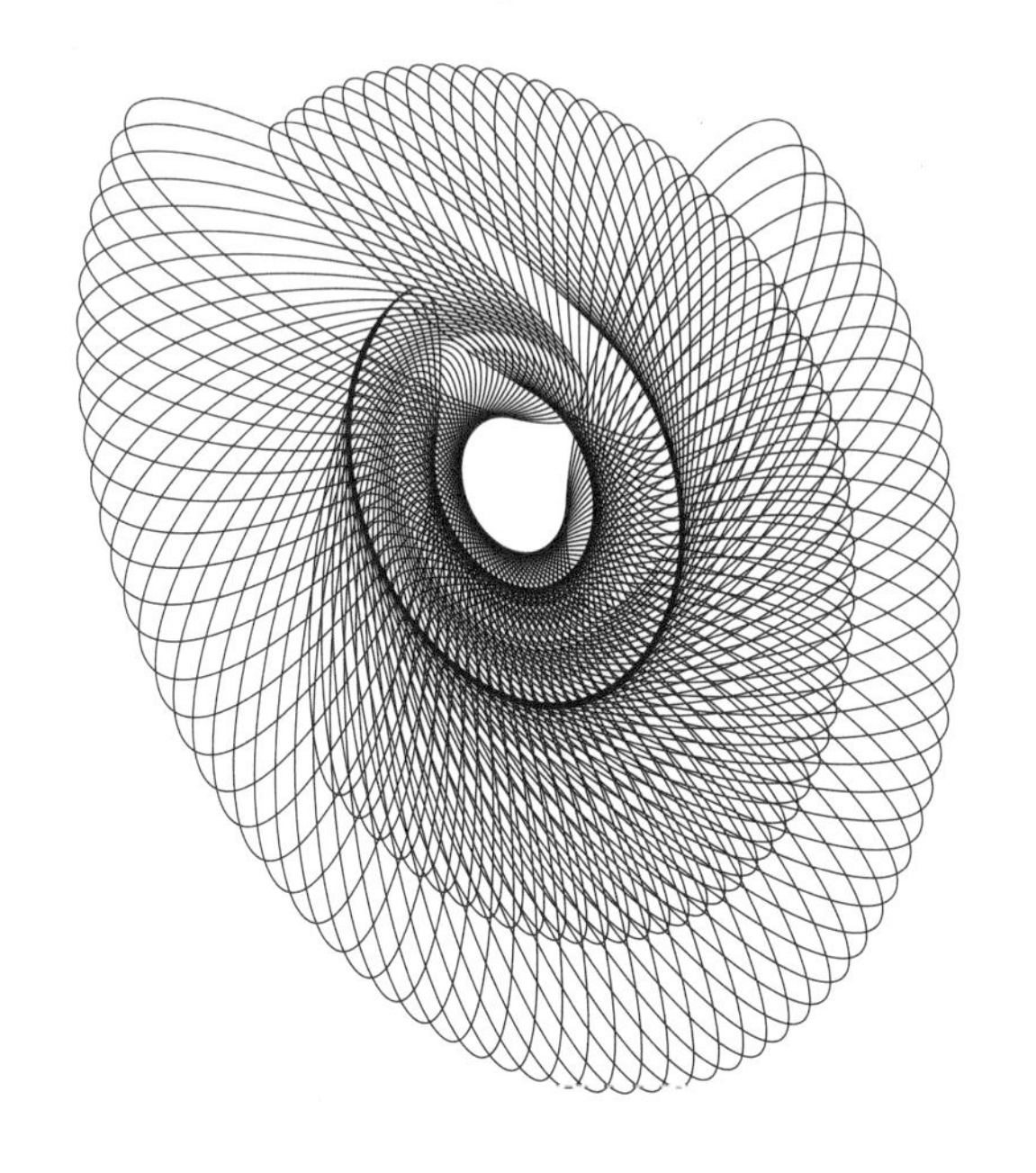

がん細胞は血球からできる

医師はがんの治療には無力である。それは何よりも、現代医学ががんの原因を究明できないでいることにある。

千島は「がん細胞は血球からできる」と唱えた。これは血液が変化して、からだを構成する細胞をつくるという千島の血液理論にもとづいている。つまり、健康なからだであれば血球は正常な細胞になるが、生体(からだ)が病気のときには病気の細胞をつくりだすというわけだ。

だが現代医学は千島理論をかたくなにこばむ。「そんなバカな!」と頭から信じないのである。

しかし、現代医学とはまったく反対の立場に立ち、現代の医師とは違った方法論で、がん治療にとりくみ、それなりの効果をあげている治療師たちは各地に散在している。

その代表的な東洋医師が、あとでとりあげる加藤清氏である。彼は一介の町の指圧師にすぎず、今日的な意味での社会的地位はない。しかし、そこでは実にドラマティックな治療が展開されている。

私はその治療を知るにつれ、現代医学が行き詰まっているがん治療において、百八十度視点を変えた東洋の知恵に解決の糸口を求めたらどうかという思いが強くなる。

現代の医学は〝細胞は細胞から〟というウイルヒョー学説の束縛を受け、それから解き放たれていない。

細胞は分裂によって増殖する。とくにがん細胞は分裂がすみやかであるというのが現代医学の常識になっている。確かにがん細胞は、その増殖が早い場合がある。しかしすべてがそうではない。たまたま早い場合だけをとりあげて、がん細胞は放っておくとどんどん増殖してとりかえしがつかなくなるというのはおかしい。

千島は「細胞は分裂によって増殖するのではない。分裂もありうるが、細胞はあくまでも赤血球が変化して増える。がん細胞でも同じことだ」と言う。ここで私はもう一度、がん治療を通して細胞とはいったいどんなものなのか、生命とは何なのかを考えてみる必要があると思う。

生物の教科書のなかに矛盾がある

細胞とは何かということは中学生でも習って知っている。それを私がもう一度ここでとりあげようとするのは、私たちが学校で習い、細胞とはこんなものだと信じている知識が、どうも間違っていそうな気がするからである。中学時代の生物学を復習するつもりでつきあっていただきたい。

細胞は生物の単位である。アメーバやクロレラなどはひとつの細胞、つまり単細胞で、そしてそれが生物全体である。白血球もひとつの細胞でなりたっている。私たち人間はその細胞がおよそ六十兆集まってできている。その六十兆の細胞のうちでも、健康であるふつうの細胞と、病気の状態になっている細胞がある。しかし生命の一単位としての正常細胞と異常細胞とは、まったくなんの変わりもない。

細胞には中央に一個またはそれ以上の核があり、その周囲は細胞質にとりかこまれ、外面は私たちのからだが皮膚に包まれているように、細胞膜におおわれている。

この細胞質は、タンパク質、脂肪、水分などから成り立っていて、栄養を外から受けとることができるし、不必要なものを排泄することもできる。外界とのガス交換、つまり呼吸もしている。石や砂のように無感動ではなく、刺激されれば反応する。自分で自分を大きくする成長の力をもち、子孫を造るといった増殖する能力をもつ。

これは細胞の定義であり、ここに問題は何もない。しかし、私たちが毎日生活する社会においても、道義の尺度がいろいろあって、すべてが枠にはまらないように、生命の世界ではとくにこうした定義におさまらない現象がいたるところにみうけられる。

これをどう考えるかということで、学問は変わってくるし、医学の在り方も変わってくる。たとえていえば、本書で問題にしてきた赤血球であるが、これを細胞とみなすかどうかで医学はまったく変わるのである。

哺乳類、鳥類以下の両生類・魚類といった動物の赤血球には核があり、細胞としての条件をほぼ充たす。その意味では細胞の仲間に入れてさしつかえない。ところが、人間を含めた哺乳類の赤血球には核がない。これは細胞とはいえないのである。

一方、リケッチア、ウイルスは核だけあって、周囲の細胞質がない裸の状態であるから、これを細胞とみる学者はいない。しかしこれらは自分の子を生むという能力をもっているから、生物の仲間に入れてもおかしくない。

ところが、一般には生物というのは細胞の条件をすべて充たしたものだという考え方をする。となるとリケッチア、ウイルスには矛盾が生じる。

これは教科書などにみられる常識が自然の姿を無視しているためで、細胞の意味にしても、実は生命の本来もっている連続性に対してある一線を引き、それ以上のものは細胞、それ以下のものは細胞でないと、人間が勝手にきめたためである。

しかし人間の思惑とは別に、生命はもっと深いつながりをもって連続しているのだ。千島は人間が仕切りを設けた境界領域に視点を求め、新しい細胞の考え方を提案したのである。

科学者は一般にはっきりしたものを好み、曖昧模糊なものを嫌う傾向にある。しかし、自然の真実は境界がはっきりしない連続性のなかにこそあるように思う。

自然のままで細胞分裂が見えるのか

細胞は細胞分裂によってのみ増えるという常識、この一点が正しいとすれば、千島学説のほとんどは崩れ去ってしまう。逆に、千島のいっている、細胞は細胞でないものから新しく生まれるという新説が正しければ、世界の生物学は狂っていることになる。

生命体の基本となるこの点をはっきりと見きわめなければ、私たちは大きなあやまちを犯すことになるだろう。

ところで私は最初から千島学説を信じていたのではない。いくつもの疑問をもち、千島教授に何度も質問した。ここで私がかつて千島教授との間に交した一問一答を再現してみよう。

「教授は細胞は赤血球から新しく生まれるものであって、細胞そのものが分裂して増えるといういままでの考えを否定されていますね。しかし、私たちは細胞が分裂している姿を、テレビの映像や雑誌のグラビア写真でふんだんに見ています。あれはいったい何ですか」

「あなたは量子力学でいう、ハイゼンベルグの〝不確定性原理〟なるものをご存知か？」

「知っています」

「説明してくれますか」

「たとえば、ある時刻における電子の位置と運動量を正確に測定しようとします。位置を正確に測るためには、光をあてなければなりません。ところが光をあたえると電子の運動量に変化を生じます。また運動量を正確にきめる装置を使用すると逆に電子の不確定さが増すことになります。だから、この両者を同時に正確に測定することは不可能であるといえます」

「そう。その不確定性原理は細胞の観察においても実は同じなんです」

「と、いいますとどういうことですか？」

「細胞を研究する場合、生きたからだのなかの自然な状態で、その細胞の動きを観察するのが理想なのです。しかし、今日までのいろいろな細胞学の成果は、組織から切りだした標本、つまり死んだ細胞を研究したものが、その中心になっています」

「技術的にやむを得ないのじゃないのでしょうか」

「そうです。自然のままで観察できないから、生物のからだからその部分をとりだして調べる。しかし、この操作そのものが、もうすでに全体とのつながりを切るという不自然を犯している。細胞のほんとうの姿や働きに対してもうその時点で悪い影響をあたえているのです。

　そのようにしてとりだした細胞を、合理的な培養器で培養し、温度を一定に保ち、できるだけ自然な状態に近い環境をつくったとしても、それはあくまで人為的なものだから、今日の培養技術はまだ理想的ではないのです。それをですよ、光学顕微鏡や電子顕微鏡で、不自然な強い光線や電子をあてて観察するのです。細胞は光や電気にはきわめて鋭敏な反応を示します。その反応は、自然の状態ではけっして起こさない反応です。だから、私たちは細胞の自然状態を乱さないで、細胞の微視的な世界を観測することはできないといえるわけです」

「なるほど。それが教授のいう〝生物の不確定性原理〟というわけですね」

「まあ、生物学における不確定性原理といえるでしょうね」

「………」

「だからといって、私は不可知論に逃げ、細胞の研究に悲観論をもちこもうとしているのではないのですよ。生きた細胞を観察する仕方として自然に近い条件を考えだす余地はいっぱいありますから」

「わかっています」

「私がここでこのようなことを問題にするのは、これまでの細胞の研究ではこの点があまり考えられていないと思われるからです。一例をあげれば、最近、生きた細胞の分裂していく様子を、位相顕微鏡を使って映画に撮ったものが発表されました。多くの生物学者は、これによってウイルヒョーの細胞に対する考え方に、ますます確実な基礎をあたえたものと信じている。私のいう不確定性原理的な疑問をもつ学者は誰もいないのです」

「すると教授は、映像が示した細胞の分裂運動は事実でないとおっしゃるのですか」

「いや、パスツールの実験と同じように、映像そのものはトリックではなく、まさに事実です。私はその映画に写されたものが事実かどうかを問題にしているのではないのです」

「と、おっしゃいますと？」

「確かに映像に示されている細胞は分裂しています。反自然的であるという条件下において細胞がそのように行動したというのは事実です。しかし、その事実をもって自然な状態でも、たとえばバッタの精子細胞が睾丸のなかで分裂行動を示すかというと、そうではない」

「では教授は映像が示した細胞の運動は一種のアーチファクトだというのですね」

「その通りです。それは人工的産物です。リンゲル氏液など自然な状態とは違ったメヂアムを使い、強い光線をあたえたなかで分裂が進んだからといって、自然な状態でも同じであろうと考えるのは、たいへん危険なのです」

「それで教授は別の事実から〝細胞は細胞でないものから新しく生まれる〟という説を提唱され、細胞の分裂を否定されるわけですね」

「間違ってもらってはこまりますよ。私は〝細胞は細胞分裂によって増殖する〟という〝細胞分裂説〟を否定してきたのです。しかし〝細胞が分裂する〟という事実まで否定したりはしていません」

「……」

「研究者は、正常な細胞では細胞分裂像が観測できないため、ナイトロヂェンマスターやキネチンなどの化学物質を使い、レントゲン線のような物理的な処理などをして、分裂を促進させているのです。そうした条件のもとで、細胞は分裂します。また、自然な状態でも分裂像らしきものは見られますから、自然界にも細胞分裂は皆無とはいえない」

「なるほど」

「で、私は自分の観察の結果から〝細胞は主として細胞新生で増殖する〟と、唱えつづけてきたわけです。ところが現代の生物学者は、細胞分裂を絶対の事実と信じているから、ほかの生物学的事実と合わなくなって、たとえば遺伝学の法則と細胞学の法則の間で矛盾を起こしてくるわけです。なのにそれをなんとかつじつまを合わせようとするから、ますますややこしくなって、現代生物学の混乱たるやたいへんな状態です。そして応用学である医学にも影響し、医学も大きな間違いを起こしているのです」

千島教授と私はこのような問答をしたことがあった。私たちが見かける細胞分裂像は事実である。だからといって、それを自然でもそうであると簡単に片付けてしまうと、大きな誤謬(ごびゅう)を犯すのである。

スターリン賞に輝いた〝細胞新生説〟

細胞はおよそ三十分ごとに分裂を繰り返し、幾何級数的に増加するといわれている。この計算によると、一匹のバクテリアは条件さえよければ七十時間から八十時間で、地球の全表面を被ってしまうという算定をした学者がいる。しかし、事実においてそのようなことはない。

肝臓の細胞はたいてい二個か、それ以上の細胞核がある。この核がどのようにして増えたのか現代生物学では論議されていない。さらに、脳や筋肉の細胞は、子供のときからおとなになるまで、けっして分裂をしない。それなのに脳や肝臓や筋肉は成長とともに大きくなる。この矛盾は現代生物学では解明されていない。

個々の細胞が大きくなるためだという学者もいるが、実際は幼児よりおとなほうが一個の細胞は逆に小さくなっている。組織の間質が増えるためだという説もあるが、これも事実と一致しない。すべてつじつまを合わせるための一種のこじつけ論である。

そのほかにも、細胞分裂説の盲点をとりあげたらきりがない。小さながん細胞が短時間で大きくなるのも、細胞分裂説で説明することは無理である。

それなのに、細胞分裂説が現代生物学の基礎となっているのは、ほかの方法では考えられないからだけである。

が、ここで千島は血液の研究、そしてバクテリアの自然発生の発見から、細胞は新生するという説にいきついた。

この細胞新生説については、ソ連のレペシンスカヤ女史のことに触れておかなければならない。

レペシンスカヤは、動物の細胞の膜を研究していた。膜の生長の変化を見て、この過程をカエルのいろいろな発生段階で見ようと思い、発生初期のオタマジャクシの血液をとって研究をはじめた。そしてオタマジャクシの赤血球に膜があるかどうかを顕微鏡で調べていて、奇妙な像を見つけたのである。それは、卵黄球から細胞までの発生のすがたであった。つまり、完全な細胞のなかにまじって、まだ未発達で核のないもの、いままさに核が生まれようとしている細胞など、まるで細胞が生まれてゆく見取図のようなものをその一画に見たのである。

そこで彼女は、細胞は細胞から生まれるという生物学の常識をすてて、「細胞は細胞でないものから新しく生まれる」という〝細胞新生説〟を唱えたのである。最初の論文は一九三七年に発表され、千島が「赤血球が細胞に変わる」ことに気づいた年よりも三年早く、千島論文を発表した年より十年も早かった。

千島がレペシンスカヤの研究を知ったのは、一九五一年のことだった。戦争で世界の情報交換が難しい時期だったためだ。千島はレペシンスカヤの研究を知らずに、独自に彼女と同じ問題を、しかしそれをはるかにしのぐ規模の研究をやっていたことになる。

レペシンスカヤの研究は、自国ソ連では認められスターリン賞に輝いたが、欧米及び日本では正当に評価されなかった。そして現在では、レペシンスカヤ説を相手にする学者はいない。

しかし、千島はレペシンスカヤ説を知ると大きな仲間を得たと勇気づけられた。その後、千島が私信を出し、彼女から返事がくるというかたちで、親しく情報交換をしたのである。

この〝細胞新生説〟は〝レペシンスカヤ・千島学説〟として、やがて生物学の基礎として定着する日がくると私は確信している。しかし問題は、今日の医学の現状をみると、その日まで待てないことである。とくに、がんの問題においてはなおさらである。

道に迷ったときの原則は、そのまますつき進むのではなく、はっきりしていた時点まで戻ることである。私は生物学者に〝レペシンスカヤ・千島学説〟を見直して欲しいと望む。

がんと食生活の関係がわかった

がんの原因は現代医学ではまだ解明されていない。ウイルスが介在しているらしいとの見通しをつけ、いろいろな研究がなされているが、確かなことはわかっていない。仮りに〝がんウイルス〟なるものが見つかったとしても、それは千島説からみると「がんになったために発生したウイルス」であるから、原因にはならない。

千島の血液理論は、がん細胞も赤血球が変化したものであるというものだ。

そして、その原因は反自然的な生活にある。たとえばなんらかの悩みがあったり、あるいは間違った食生活や不規則な生活がかさなり、そうした状況が長くつづくと、血液を悪化し、悪化した血液は正常な細胞にならず、がん細胞になるのである。

私は仕事の関係でたくさんのがん患者を見てきた。がんは「頑固に通じる」とよくいわれるが、これは俗語ではなくある面では真理をついているところがある。かたくなでひとの意見を聞かず意地をはっている人が、がん患者には確かに多い。しかし現代医学では肉体のほうばかりに目を向け、病気の原因を精神に求めるということは、まだまだなされていない。

たとえば信仰で病気が治るなんてバカげているという人がいる。しかし、それは心の動きと健康との関係を無視した人の言葉であろう。宗教によって精神だけでなく、からだの健康もとり戻した人は何人でもいる。

このことは、信仰をもたなくても、自分の仕事に生きがいを感じ、強い信念をもって生きている人でも同じことだ。つまり、精神の健康は血液を浄化し、そして流れをよくするからである。腹を立てたり、恐怖したりすると血液に毒素をもつ。動物の話ではなく人間がそうなのだ。これは科学でも実証されている。そして今日、間違った食生活とがんの関係は、およそ常識になってきたようだ。

このことは日本でも話題になったマクガバン・リポートでもよく知られている。アメリカの大統領候補になった上院議員のマクガバンを委員長とし、やはり上院議員であるハンフリーやケネディをそのメンバーに加えて「アメリカにはどうしてがんや成人病が多いのか」というテーマで、第一線の医師を動員して調査した。その報告がいわゆるマクガバン・リポートと呼ばれるものである。

医師たちは、実に精力的にがんと成人病について、世界的な視野で調査した。エスキモー人にがん患者がいるかどうか、アフリカの未開民族はどうか、また、一人はアメリカに移住し一人はオランダに残っているというオランダ人のふたごの何組かの調査もした。そしてその結果にもとづき、マクガバン委員長らとアメリカ議会においてがんや成人病の原因についてディスカッションが行なわれた。このマクガバン・リポートはおよそ五千ページにものぼるもので、そのなかでがんの問題はかなりのウエイトを占めている。

「がんは薬で治るのか」と、マクガバン。

「治らない」と、医師。

このような直截的でわかりやすい調子で、問題をとりあげている。

「ではがんの原因は何か」

「がんおよび成人病の原因は九〇パーセント以上食事である。アメリカ人は動物性タンパク質と動物性脂肪をとりすぎている。また、加工食品の弊害もある。加工食品には植物繊維がなく、そしてミネラルとビタミンが不足している。また、アメリカ人は砂糖をとりすぎている。糖尿病患者を調べると、加工食品をとりすぎており、それに含まれている砂糖のとりすぎも原因だ。つまりがんを含む成人病の原因は、現代のアメリカの食生活にある」

「ではどうすればよいか」

「五十年前のアメリカには、このようにがんや成人病はなかった。がん患者は年々十二パーセントの割合で増えており、これはインフレ率より高い。アメリカ人は食事を五十年前に戻すべきである」

このような報告が出され、一九七八年にアメリカ国民に公開された。

これは、食べたものが血液になり、その血液が細胞になるという千島説にあてはめれば、いとも簡単に解明される問題である。マクガバン・リポートにはこのメカニズムはとり入れられていないが、自然に反した食生活ががんの遠因であるという因果関係はおさえられている。

どちらにしてもがんの原因は、精神の問題と食事の問題と、加えて自分のからだをどれだけ動かすかという、千島のいう〝気血動の不調和〟からきているとみる。

これが広く理解されればがんの予防は可能だし、治療においても見通しがたてられる。

しかし、現代医療はこの考えをとり入れていない。

がんは切るしかないのが現代医学だ

食事をはじめとする生活の改善をはかれば、がんの進行はとめられるし、がんを自然治癒に誘導する可能性は残されている。

だが医療の実態は、まず手術という考え方がその基本で、それができない場合、抗がん剤投与、放射線療法となる。とにかく切るか、焼くか、溶かすかという方法しかもっていない。がん細胞との調和という平和的な療法はないのである。

アメリカの国民はマクガバン・リポートの公開によって、がんの原因がほとんど食事にあることを六年前に知った。しかしその後アメリカの医療が変わったかというとそうでもない。

一九八三年の六月、私は東洋医学者及び医師の助手の一人に加えてもらいハワイに出かけた。そこで現地の日系人を診察する現場に何度も立ち合ったが、診察を受けるほとんどの人たちの腹部に、手術の跡があるのを見て、アメリカ医療のすさまじさに唖然としたものである。

直截的な言い方をすれば、切って切って切りまくっているという感じである。そこには生命とか生体に対する尊厳が忘れられているのだ。やはり西洋思想においては、人間もひとつの物質であるという見方があり、病気は完全に悪なのである。疾患の部分はもう必要のないものだという考え方に立っている。

私はハワイで、ある未亡人からこんな話を聞いた。

夫ががんにかかったが、経済的に恵まれていたため、

「費用はどれだけかかってもいいから、最高の治療をして欲しい」

と、一流の病院の一流の医師団にたのみ込んだ。

二十万ドルの医療費を使った結果は、三ヶ月後の夫の死であったという。二十万ドルといえば、日本円に換算しておよそ五千万円である。

日本の場合も、アメリカほどではないにしろ、現代医療の切り札が手術と化学的新薬であることには変わりがない。手術、そして患者の薬漬けといった医療行為は、医学が非人間的なものになってきた証拠ではないだろうか。

あとで述べる千島の生命弁証法を、医師こそ学ばなければならないと私は思う。

がん細胞もからだに必要なのだ

医師の好意と患者及びその家族の同意を得て、乳がん患者の手術に立ち合わせてもらったことがある。

ライトがひかり輝く下で、二人の医師と五人の看護婦のもと、手術は厳粛に行なわれていった。患者の右の乳房がからだから切り離され、ステンレスの受け皿に移されたのは、手術開始後一時間ぐらいだったであろうか。あるいはそれより短い時間だったかも知れない。

気の弱い私は、そこで手術室を出た。手術はそれからおよそ六時間も続けられ、脇のリンパから首筋のリンパを切り開くとのことだった。

何がなんでも手術に反対だとは私は言わない。治療の最後の手段として時には必要であろう。しかし、あまりにも安易に体を切りきざむ医師と、それに同意する患者の軽薄なこの頃の風潮にはつい批判したくなる。たしかに患部をとり除けば苦痛は消え、たいへん効果があったかにみえる。だが、生体（からだ）が失ったものは永遠に戻ってはこない。あとに述べる千島の生命弁証法でも触れるが、からだには無駄なものはひとつもなく、すべての細胞がつながり、かかわってひとつのからだになっている。

がんにおいても、からだの全体を維持する装置が働いて、がん細胞があらわれてくるのである。いってみれば、がん細胞もそのときのからだには必要なものなのだ。子宮ガンだからといって子宮をとり除いてしまえば、その人は生涯、子供を産めないからだになってしまう。手術は療法ではない。疾患をとり除いても、血液の悪化という原因が解決されていないから、同じ病気の再発が起こる。乳がんで乳房をとり除けば、当然、乳がんにはなりようがない。しかしそれでは根本の解決にはならない。病気の部分をからだから切り取ってしまうのではなく、その部分を健康な状態に戻すべく努力すべきではないだろうか。

患者の余命にはからくりがある

千島学説を支持する数少ない医師の一人に、深江雄郎（ゆうろう）氏がいる。彼は京都大学の医学部を出た産婦人科医だ。

その彼が、千島学説に興味を抱いたのは、彼が父をがんで失ったことによる。彼の父はがんと診断され、医師はあと三ヶ月の生命と宣告した。それから手術、抗がん剤投与、さらに放射線まであてられた。そして、深江氏の父は、医師の最初の見通しどおり三ヶ月後に死んだのである。

医学に無知ならば別になんとも思わなかったかも知れない。だが、深江氏は医学博士であり、医師である。

「これはおかしいぞ！と、思った」

彼はそう述懐する。

患者の余命を的確に言いあてるなど、どんなに名医であろうとも至難のわざである。そこで深江氏はこれにはカラクリがあると思ったのだ。

それに、医師の倫理からみて、あと三ヶ月の生命だと分かっている患者に、どうして苦痛をともなう治療をつづけたのかという反感がある。

また、身内の欲かも知れないが、手術や放射線といった治療以外に、別の治療を受けていれば、もっと長生きできたのではないかとも思った。

そういうことを考えているうちに、彼はハッとあることに気がついた。

ひとつは医師が患者の死亡の時期を言いあてたこと、もうひとつは、それにもかかわらずその間、医師が患者に苦痛をともなう治療を行なったこと、このふたつを結びつけるとひとつの結論が出る。つまり、三ヶ月の治療が患者を殺したということだ。

医者はむろん患者を殺したくて殺したのではない。考えられる最善の努力をしたに違いない。

しかし、その医師は治療が無意味で、患者を苦しめるだけでしかないことを、すでに診断のときに知っていたのだ。だが現実に病院におけるがん治療は、それしかなかったのである。

深江氏自身も産婦人科の医師として、子宮がんの手術を数多く手がけてきた。がん細胞をとり残したかも知れないと心配していたがん患者が、五年を過ぎても生存していたり、ごく初期であり、全部切除したからだいじょうぶだと確信していた患者が再発したりという経験をもっている。現代医学に忠実な治療をしてこうなのである。

彼は自分の父をがんで失ったことと、医師としての子宮がん手術の経験から、現代医学のがん対策にはどこかに間違いがあると思うようになった。

そして、異端の説といわれている千島説に目を向けるようになったのである。

「国立がんセンターなら、がん患者の何人かは治しているはずだと思うのがふつうだ。だが、一人のがん患者も治していない」

あるとき、深江氏は私に言った。

「一人もということはないでしょう。一人ぐらいは治しているでしょう」

「いや一人も治していない」

深江氏は手術はがんの治療ではないという。治療は悪い部分をとり除くのではなく、それを正常な状態に戻すことにある。抗がん剤投与も放射線をあてることも、一時的にがん細胞を小さくするだけにすぎない。またすぐに増えはじめるし、それになによりも正常な細胞を痛めてしまう。そうした考え方からすると、国立がんセンターといえども一人のがん患者も治していないことになるというのだ。

深江氏は専門が婦人科であるから、がんで言えば子宮がんが専門である。子宮がんは進行の度合いによって、一期、二期、三期、四期と分けられている。

ふつう一期、二期は完全にがん細胞を取り除くことができる初期のがんである。しかし、その初期のがんですら、五年後の生存率をみると、一期で八〇パーセント、二期で六〇パーセントである。裏を返せば一期で十人のうち二人、二期で十人のうち四人が、五年の間に死んでいる。

十人に二人から四人がかならず死亡するような手術は、受けるほうも、メスをもつほうもたいへんな覚悟がいる。

まして、それ以上の死亡率を示す、三期、四期と進行したがんにおいては、手術が有効で適切な治療法だとは、どの観点からもいえない。深江氏は、まったくやむを得ない場合を除きメスを捨ててしまい、現在では千島説にしたがった治療法にきりかえてしまった。

〝がん細胞非行少年説〟がいちばんいい

胃がんを例にとれば、開腹してみてリンパ節にひとつでも転移していれば、もう手遅れのうちに入る。

そこで、国の医療機関や医学会、さらに民間の対ガン協会では、早期診断と早期治療を呼びかけている。そしてそれによって一〇〇パーセント克服できるという。

だが、その内容を調べてみるといささかお粗末である。

子宮がんでは一期の場合でも、五人に一人は死ぬから、最近では〝ゼロ期がん〟というのが登場している。一期以前のもので、まだがんかどうか分からないもの、それを診断して、摘出手術をしようというのである。

「診断のときにがんであるかどうか分からないものを手術して、そして治療率一〇〇パーセントというのでは、いささか気がひける」

と、深江氏は言う。

いささかどころか、これではまったく話にもならない。胃がんについていえば、肉眼的にはその存在さえわからない粘膜がんということになるが、それがほんとうに治療を要するがんなのだろうか。

現代の医学は膨大で高価な治療設備をそなえているが、がんの診断については一種の仮定のうえで行なっているにすぎないのである。

そこに革新的な効果を望むほうが無理なのかも知れない。だいいち、がん細胞と正常細胞を比較しても、生命を構成する単位ということからみれば、そこに決定的な違いを見いだすことなどできない。まったく同じ細胞なのだ。

深江氏は千島教授より文学的である。彼はがん細胞をふつうの少年に対する非行少年にたとえる〝がん細胞非行少年説〟を説く。

非行少年は社会に害を及ぼすから殺してしまえという発想は誰にもない。よりよい方向に導いて立派な社会人に育てようと努力する。

なのに現代医学はがんを敵視する。がんをやっつけるという方法でしかみていない。しかしがん細胞をよりよい方向へ導いてまともな細胞に戻す療法こそ新しい医学ではないか。

四人に一人が、がんで死んでいっている今日、人類が、がんの恐怖から逃れる道は、がん細胞との調和である。

千島は、血球は細胞になると言った。そして、細胞は血球に戻ると言った。がん細胞も血球に戻るのである。

深江氏は医学の世界に属しながら、それに対立する千島の〝がん細胞と血球の関係〟の説に深い感心をもった。それはもう十年も前のことである。

「日本では毎日たくさんの人が、がんで死んでいる。この〝手遅れがん〟に対する効果的な治療法を開発するには、千島学説の普及しかない。千島理論のなかには、がん自然治癒の可能性が示唆されている」

深江氏は医学界にむかってそう提案した。が、それはいまもって聞きとどけられていない。

しかし、希望はある。先にも少し触れたが町の一介の治療師にすぎない加藤清氏が〝健康再生会館〟なるものを大阪の鶴橋というところで開き、千島学説を理論背景として、がんの自然治癒の道を拓いている。次章ではその驚くべき実態を紹介し、千島学説が現実にがん治療というかたちで活かされている様子を報告したい。

第五章

がんは自然治癒力で治る

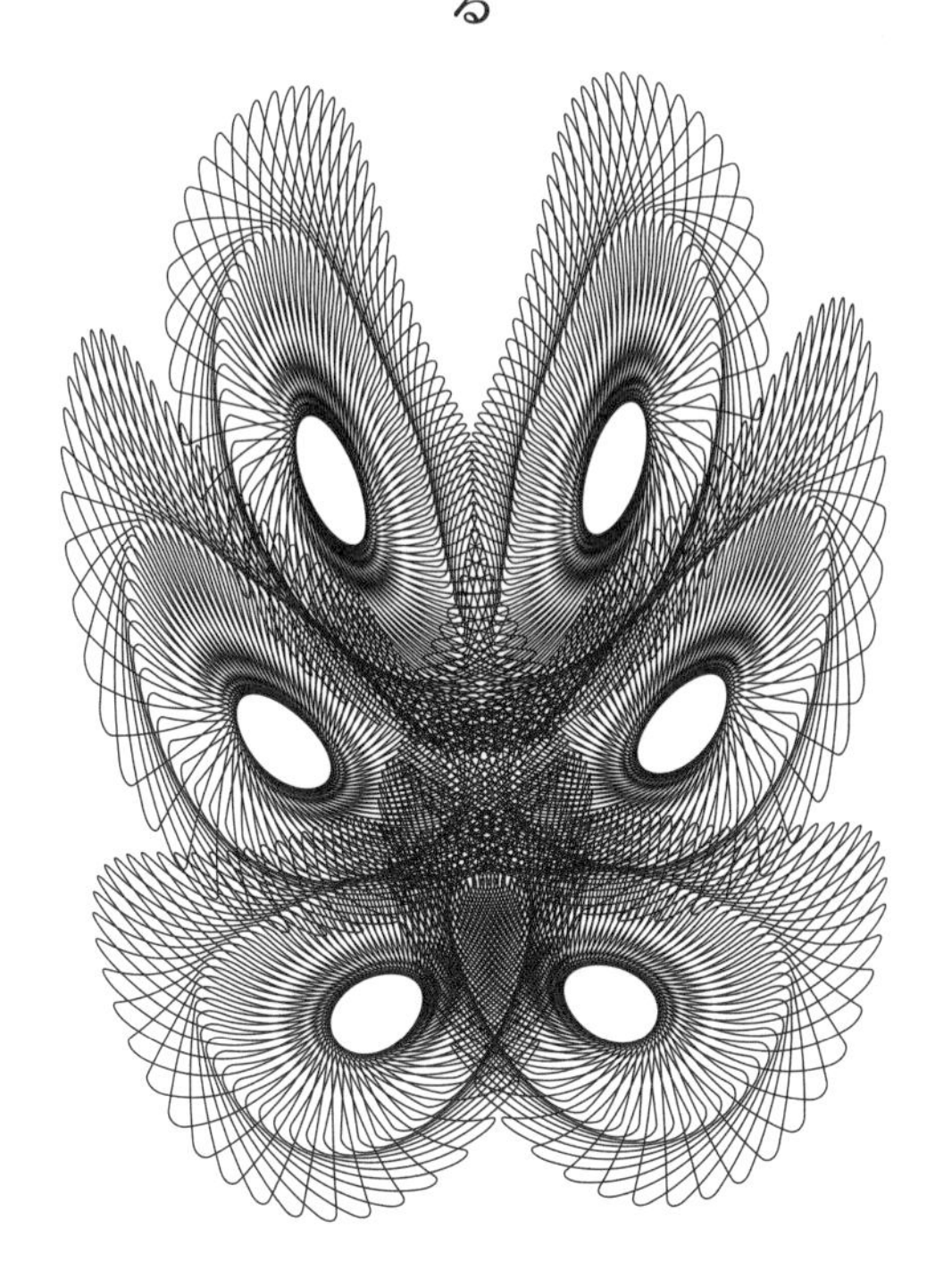

がん末期患者が千島理論で生還した

大阪の鶴橋で〝健康再生会館〟を開いている加藤清氏という風変わりな治療師がいる。氏と私の親交は、千島教授がなくなられた直後のことであるからおよそ五年になる。

氏は千島学説の理論を実践の場に移し、現代医学が手を焼いているがんや難病を、奇跡的に治してきた。

加藤清氏の名は千島教授を通して知っていた。しかし、千島学説を最初から信じられなかったように、あるいはそれ以上に、加藤式健康法と呼ばれる「がんは自然治癒する」という療法を信じる気になれなかった。

千島学説から〝がんの自然治癒〟が理論的に可能であることは理解していたが、一般社会の情報がつめ込まれた私の頭には「まさか！」という疑問が先に立ったことは事実だ。

加藤氏が、国立がんセンターでもやっていない〝がんの自然治癒〟を、本当になしとげているると感じたのは、ごく最近のことである。

私は加藤氏が本物であるかどうか、五年間、ごく身近にいながらずっと見続けてきたのだ。かっこよくいえば五年間の凝視ということになろう。

「加藤氏はやっぱり本物だ！」

そう感じた例はいくつもある。そのひとつが箕浦登美代（みのうらとみよ）氏の治験例である。

私がはじめて加藤氏の道場を訪ねたとき、その道場に入って治療を受けていたのが箕浦氏である。

彼女は子宮がんの手術を受けたが、半年後に内臓に転移し、その再発のときには病院では手術ができないまでに進行していた。そこで、仕方なく放射線療法を受けた。

放射線をあてると胸がむかむかして食欲がなくなる。腸がただれ、腸内細菌が死んで肛門などから出血する。そして〝シボリ腹〟が起きる。下痢の症状はあるが排便、排尿がないというもので、それが一日に何十回と続く。

彼女は医師から、がんの宣告を受けていなかったが、この頃、自分でもおよそ見当はついていた。身辺整理するなどして死を覚悟していた。

そのとき、加藤氏という東洋医学の治療家が、がんを治癒しているという町の噂を聞き、一か八かを賭けて氏の道場にとび込んだのだ。

「これは駄目だ。助けようがない」

加藤氏にそう言われたと、箕浦氏はいまでは愉しい思い出のように私に語っている。

放射線で真黒に焼けただれていたし、それに腹部も背中もかたい腫れができていたからである。

しかも、箕浦氏は氏の会館に四十日間いて、そのうち二十日間ぶっつづけという過酷な断食をやり抜いて生還したのである。

私が彼女と出合ったのは、彼女が断食をしているちょうどそのときであった。

「この人は死にかかってこの会館に入ってきたのだが、だいぶよくなっている。ひょっとすると助かるかも知れない」

氏は箕浦氏のことをそのように私に言った。

そのとき、会館に入っていたのは彼女だけではない。しかし、大勢の患者のなかで、彼女はとくに弱々しかった。顔もむくみがあってまるで死人のような土色をしている。とても助かるとは思えなかった。

それから二年後、私はある雑誌にたのまれた取材で彼女に会うことになった。

「まだ生きていたのですか！」

彼女を見て思わず口にしてしまったが、そのときの私の正直な感想だった。あのときよりはたしかに元気そうだが、顔のむくみと黒ずんだ色は逆にひどくなったように思える。この人はほんとうに生き続けられるだろうかと心配したものだった。

しかし、その後、何度も会う機会があって私は彼女を注意して見ていた。彼女の生命力というか精神の強さもあったのだろうが、また加藤氏の指導をよくまもり摂生を続けた。そのかいあって、彼女はしだいに薄紙をはぐように血色をとりもどしていった。

「取材をさせてもらったときは、顔がどす黒く、この人だいじょうぶかな、生き続けられるのかなと心配したものです。肌も白くなり、まったくお元気そうで結構ですね」

私は無遠慮に三年前の印象を彼女に話した。

「それはもう別人ですわ。あのときは頼りないものでした。私はいま、病気と綱引きをしている気持ちですの。自分が強ければ病気に勝ちますし、弱ると病気に引きずられます。だから毎日が綱引き」

彼女はそう言って笑ったが、むくんだ顔もきりっとしまり、本人も言うようにとても六十代には見えない。

私が加藤氏の療法を信じたのは、箕浦氏の一例でだけではない。そのほか、たくさん治った人を見てきた。ただ彼女の場合は、私の眼を見はらせるような、あまりにも顕著な場合だったので、ここにとりあげたのである。

自然治癒力を利用した〝粉ミルク断食〟

東洋医学の治療家たち、すなわち指圧師、漢方、鍼灸、食養家などは、最初からそれを職業としてめざした人は少ない。ほとんどが病気になって、医師から見離された経験をもち、東洋医学によって救われた。そのときこのようなすばらしいものなら、世の中にひろめてみようと思ったのが、そのスタートになっている。

加藤氏もそうした一人である。彼は十六歳のときに結核痔瘻（じろう）にかかった。肛門のまわりが腐っていく病気である。手術を受けて一年ほど入院生活を続けたがよくならない。

そんなとき、同室に軍隊で衛生兵をやっていた人が入院してきた。その衛生兵は加藤氏が苦しんでいるのを見てこう言った。

「体をいじくりまわしたって病気は治るものではない。断食をやりなさい」

そして、断食の本を貸してもらったのである。

その本には「断食をすると血液が浄化され、膿が出なくなり、きず口などは内側から盛りあがってくる」というような意味のことが書いてあった。

そこで加藤氏は断食をする決心をした。

このときの断食は二十日間だったという。水しか飲まないから体はどんどんやせる。しかし体がやせるのにつれて、肛門のきず口はなかから肉がどんどん盛りあがり、二十日目には完全に治癒してしまったのである。

「断食とはすごいものだ」

加藤氏は断食療法のすごさを知り、これをもって人助けをしようと考えた。ちょうど叔父にあたる人が指圧師をしていたから、その弟子になり東洋医学の分野で人々の病気を治そうと決意したのである。

療術師となった加藤氏は、指圧の技術と自ら体験した断食、このふたつをからませて治療にあたった。

そしていろいろな経験を踏んでいくうちに、氏の関心は〝がん治療〟に向かっていった。不治の病といわれているがんを指圧と断食で治せないものだろうかと考えたのである。

「ふつう、病気になっても生体（からだ）にはそれを克服する治癒力がある。医師の仕事は、その治癒力を発揮しやすくすることで、それができるのが名医である。ところが、がんだけは治癒力をまったく無視し、放っておけばかならず人間を倒す。がんには自然治癒は働かない」

医学はがんに対してこのように言っているが、加藤氏は、

「自然には飛躍がない。ほかの病気に治癒力が働くのなら、がんにも働くはずだ」

と考え〝がんの治療〟にとりくんだのである。

病院で見離されたがん患者がいると聞くと、多少遠方でも出かけていって無料奉仕で治療する。また、食養家や断食研究家、その他東洋医学関係者などで〝がん治療〟にかかわっている人がいると、教えを受けに出かけた。

そうした試行錯誤のすえ開発したのが、断食しているときに水のかわりに栄養分のある赤ちゃん用の粉ミルクを飲む〝粉ミルク断食〟という独自の断食療法と、指圧整体法を組み合わせた〝加藤式健康法〟である。

ほとんどの人ががん細胞をもっている

加藤氏は過去、見放されたたくさんのがん患者の治療をしてきて、その体験からつぎのようなことを直観的に知った。

(1) 四十歳をすぎればほとんどの人ががん細胞をもっている。そのがん細胞を病院の検査で発見され、現代医学の治療を受けた人たちが死んでいる。

(2) がん細胞は、食生活をはじめとする生活改善をすればそれ以上大きくならない。いや、それどころか小さくなっていく。がん細胞が消滅しないまでも、がん細胞と共存して生きていくことができる。

(3) 病院で過酷な検査を受け、手術、抗がん剤投与、放射線を照射された患者は、正常細胞を痛めている。その結果、腸の絨毛をやられた人は、ほとんど回復しない。

一九八二年九月二十九日の毎日新聞夕刊で報道された「健康人でも体内に微小がんをもつ」という記事がある。これをみると、加藤氏の直観にうなづけるものがある。

その記事によると、

「東京都養育院病院と社会福祉法人浴風会病院などの解剖結果によると、高齢者の約五〇パーセントにがんが存在し、これらのがんの大きさは二〇ミリ程度に達するものもあり、早期がんクラス。微小がんを経たあと大きくなったと考えられるが、このようながんをもった人たちも生前はがんだという診断は下されなかったし、症状もまったく出ていない。こうしたことから菅野博士は、ほとんどの人はなんらかのがんを体のなかにもっている。臨床がんはそのうちのごく一部のものが顕在化したものと推定される、と結論づけた」

これを発表したのは、癌研究会研究所の菅野晴夫所長である。

加藤氏ががん患者を治療している姿に、私がはじめて接したとき、氏はひとりの患者を紹介して私に言った。

「四十歳を越えれば、がんは健康な人でももっていると考えたほうが正しい。それを早期に発見して手術する医者の行為は間違っている」

その患者は、乳がんと診断され一方の乳房を手術した。しかし、もう一方にも転移しているということで脇のリンパまで手術した。だが、二年後に内臓にも転移していてもう手術ができないと病院から言い渡されたのである。それで最後の望みを加藤氏に託してやって来たのだった。

加藤氏は言う。この人は手術する必要はなかったのだと。千島学説がいっているように血液の汚れと滞りが原因で、それをとり除けばたとえがん細胞があっても、人間は共存して生活していけるのだと。乳房のがんが肝臓などの内臓に転移したのではなく、そのときすでにそこに存在していたのである。

それ以来五年間、手術をしてもがん治療の解決策にはならないという事実を、加藤氏を通して私はいやというほど見てきた。むしろ手遅れがんのため手術もできないがん患者が、がんと共存しながら生き続けているのである。

がん細胞は人間のからだをつくっている細胞の一部であると考えたとき、医療機関がしきりに宣伝しているがんの定期検診による早期発見、早期手術はいったいどういう意味をもっているのだろうか。高齢者の約五〇パーセントにがんが存在することが分かった今日、二人に一人は外科医のメスを受けなければならないことになるではないか。

自然に反するそのような行為が許されるはずがないと加藤氏は言う。
私も同感である。

断食をすれば血液はきれいになる

加藤式療法はつぎの三つからなりたっている。

(1)　粉ミルク断食療法

(2)　整体指圧法

(3)　食事療法

食事療法には、納豆鍋といって、ミソ汁に納豆とトーフと青菜を入れた独自の献立があるが、基本的には近代的な食事を避け、田舎風の昔の食事をしようというもので、とくに新味はない。そこでミルク断食療法と整体指圧法を紹介しておこう。

ふつう、断食は食事を断つが水だけは飲む。だから水断食ともいわれる。加藤氏の方法は、この水のかわりに赤ちゃん用の粉ミルクを溶かして飲むのである。

病院で死の宣告を受けて加藤氏のところに来るがん患者は、たいてい体力を弱らせている。だから過酷な水断食には耐えられない。そこで栄養分のある半断食として彼は、このミルク断食を考案したのである。

その理由は、赤ちゃんの粉ミルクは、栄養のバランスがとれた完全な健康食品であるからだ。さらに粉ミルクにはラクチュロースという、腸内のビフィズス菌を増やす乳糖が含まれている。このビフィズス菌が腸内で優勢をたもっているときは健康で、病気のときはほかの菌におされて減少する。とくに、がんなどの病気では病院の治療によって腸内細菌が殺されているから、どうしても粉ミルクの補給が必要とされるのである。

整体指圧法も加藤氏が考案したものだ。一時代前に小山善太郎という偉大な療術師がいたが、この人はがん細胞は押しつぶせば溶けて流れる性質があるとして、当時の内務大臣だった床次(とこなみ)竹次郎氏の胃がんを治して一躍有名になった。加藤氏も基本的には同じ考えで、千島理論にもとづき全身の血液の流れをよくするとともに、がん細胞に滞っている赤血球を押し出すことによって循環をよくしようという方法である。

加藤氏は千島教授の直接の指導を受け、現在も千島学説にのっとって治療しているが、これら加藤式療法の基本的なものは、氏が千島教授と出合う前にほぼ開発されていたのである。

加藤氏は自分の療法でがん患者は救えるが、あいにくその裏づけになるような理論がない。自分の実践を支えてくれる理論はないものかと考えているとき、たまたま千島学説と出合ったのだ。

「血液は生命の基本であり、血液をきれいにすることが健康をつくりだすのである。断食をすればからだは若返り、がん細胞も赤血球に戻る」

この千島理論のどれもが、加藤氏を満足させるものであった。彼はやっと東洋医学の実効を認める大学教授に出合えたことに大きなよろこびを感じたのであった。

千島学説を支持したパリ大学教授

「がん細胞は病的になった血液中の赤血球が変化して生ずるものである。細胞分裂によってどんどん増えるのだという、従来の定説は誤りである」

千島が大胆な〝がん細胞血球由来説〟を発表したのは、一九六一年のことである。発表誌は慶応大学医学部の欧文雑誌で、英文論文にまとめたものである。

赤血球はすべての細胞になるとする千島学説からみれば、がん細胞も血球から生まれるということは、当然行きつくところである。千島はそのことを発表した。

「がんは一種の炎症である。一般の炎症と違っているところは、慢性的炎症ということである」

そうしたことを内容にしたこの論文は、国内での評価を受けず、無視もしくは黙殺された。

ところが、四年後の一九六五年になって、パリ大学の教授アルペルンが『がん細胞の血球原因説』という、千島とほとんど同じ結果の学説を発表し、大きなセンセーションをフランスで巻き起こした。

そのとき、パスツール研究所員で血液学者ステファノポリー博士が千島論文を知っていて、日本人の千島がすでに発表していることと内容が同じであると、千島の優先権を擁護したのであった。しかしフランスでは千島の優先権が認められたものの、全体の流れとしては細胞の分裂を信じる生化学者、医学者によって、この新説は結局、無視されるかたちになった。

しかし、がん細胞も血球から変化するという事実も含め、「すべての細胞は血球から」という真実は、いずれ千島の名言として歴史に残ると私は思う。

千島はその後も研究を続け、がん細胞の自然治癒を示唆した。彼は臨床医ではなかったから、経験的ではなく理論的にがんの自然治癒の可能性を説いたのである。

千島の示した方法は、断食および節食こそ、がんの治療と予防に有効だというものであった。

これをがんの予防、あるいは健康法に応用する場合は、短い断食を繰り返し、なしくずしに少食主義に持ち込めばいいわけである。

老化は腸内細菌が原因になっている

がんをはじめとする病気の治療及び予防には、食べ物の内容と胃腸の環境をよくすることである。食べ物と胃腸が健全なら、きれいな赤血球がつくられるので病気にならない。これが千島の理論である。

つまり、がんに限らずほとんどの病気は全身病であるから、局所だけ治療するという現代医学の治療は間違っている。

病気の場合は腸内細菌のバランスがくずれ、腐敗菌が増える。断食をすると腸内の腐敗菌は消えるというメカニズムだ。

これは千島がカエルやマウスを材料に実験をしている。それによると、カエルやマウスの腸の絨毛は断食によって小さくなり、腸の壁も薄くなった。そして、腸内の寄生虫やバクテリアはほとんどいなくなり、さらに注目すべきことは、消化器をはじめからだの組織が赤血球に逆戻りするのが見られたことだ。ここですべての組織が浄化されているのである。

こうしたことから、断食が腫瘍や炎症に有効なことが分かった。しかし、肝臓の機能が低下するきざしがみえるといって、断食に反対する医師は多い。

断食をすると肝臓の細胞が血球に逆戻りする。そのとき、肝臓にたまっていた老廃物や有害な物質も肝臓を離れ、血液のなかに入ったり、尿にまじって排泄される。このときに血液や尿の検査をすれば肝臓がおとろえたようにみえるわけである。そしてそのまま断食や節食を続ければそのうちに障害はなくなり、結果として肝臓もよくなるわけだ。

こうしてみると、健康をたもつ条件のひとつは少食であることだ。考えてみれば、食べ物の量が少なすぎてがんになった人はいない。食べすぎて腸内に消化物がたまり、その腐敗から汚れた血液がたくさんつくられ、そしてそれががん細胞に変わっていったと考えられる。とくに動物性タンパクのとりすぎは腸内の腐敗をおし進め、毒素をつくり、組織に障害を起こす。その反面、新鮮な自然の野菜は血液をきれいにする。

人間が老化をはやめる原因は、腸内に滞った食物が腐って、それが細菌毒素をつくり、そして血液中に吸収されるからだ、ということに最初に気づいたのが、ノーベル賞を受賞したソ連のメチニコフである。

そこで彼は、ブルガリア地方に長寿者が多いことに注目し、彼らがつねに飲んでいる牛乳を醗酵させた酸敗乳（さんぱいにゅう）、すなわちヨーグルトが腸内の腐敗の防止に役立っているのではないかと考えた。

結果はまさにその通りだった。それから百年をすぎた現在、世界中の人がヨーグルトを飲んでいるが、もとはといえばこのメチニコフの推賞による。

このメチニコフの研究を発展させたのが、デンマークの長寿研究家オラル・ヤンセン医師である。

ヤンセンは老人と青年の腸内菌を調べた。その結果、青年にはビフィズス菌が多く、七十歳以上の老人にはそれが少なく、逆に有害な腐敗菌が多いことが分かった。そして同じ老人でも健康な人にはビフィズス菌が多かった。

最高度に進化した生物である人間が、最下等の微生物であるビフィズス菌と共生しなければ生きていけないのである。

千島もこの腸内細菌には関心をもった。彼はヨーグルトのなかの乳酸菌と、人間の腸内の乳酸菌の種類が違うことに注目した。そして、人間の腸のなかの乳酸菌は外から入ってきたものではなく、ヨーグルトやその他の食べものから、自然に発生してくることに気がついた。

そこで、腸内の乳酸菌を増やすおもなる成分は乳糖であるから、牛乳、あるいは粉ミルク、ヨーグルトなどはもちろんよいが、菜食主義なら充分にビフィズス菌が発生することを提唱した。最近、〝腸内細菌叢(フローラ)のバランス論〟がやかましくいわれているが、ビフィズス菌と健康の関係が研究された結果である。

生物体は容易に原子を転換する

微生物の作用によって食品が分解され変化することを醗酵と腐敗とに分けて呼ぶが、これは人間にとって有害か無害かというまったく人間本位の分け方である。

食品の醗酵の利用は、西洋ではパン、ヨーグルト、チーズなどがあり、日本では味噌、醤油、漬けもの、納豆などがある。

すなわち微生物は、非常に低いエネルギーで原子転換する能力をもっているからこうしたことができる。これを実験したのが、有名なフランスの理論物理学者ケルブランである。

少し専門的になるかも知れないが、千島の細胞レベルでの転換と関連して興味深いものなので、このケルブランの『生体内原子転換説』を紹介したい。

石灰分のないフランスの粘土地帯では、ニワトリがやわらかいカラのタマゴを生む。ケルブランはそのニワトリに雲母(うんも)を与えた。すると翌日になって七グラムもある硬いカラのタマゴを生んだのである。

しかし、これは常識で考えるとつじつまが合わない。タマゴのカラの主要な成分であるカルシウムが、この雲母にはわずかしか含まれていないからだ。ところが雲母には、カリウムがかなり含まれている。もし、ニワトリのからだがサイクロトロンの働きをして、このカリウムとニワトリのからだのなかにある水素とが結びつけば、カルシウムになる。

つまり、

$^{39}K + ^{1}H = ^{40}Ca$

これが、ケルブランの考えたニワトリのタマゴと雲母の関係である。

つぎにこれとは逆の関係も考えた。

硝石は暗くて湿った温かい石灰の壁の上にでき、ぽろぽろ落ちてくる。それを集めて火薬の製造に用いる方法は、数百年も前から行なわれている。

なぜ、石灰の壁から硝石ができるか。それはバクテリアが働いて、カルシウムの原子核のなかから水素の核をとり出すためだとケルブランは考えた。

つまり、

$^{40}Ca - ^{1}H = ^{39}K$

で説明する。

これはちょうどニワトリのタマゴと雲母の場合とは反対である。

ニワトリのからだが、カリウムをカルシウムに変えるためにどのような酵素を出すのか、また、バクテリアがカルシウムから水素をとり出すのにどのような酵素を使っているのかは、ケルブランも知らないという。

だが、ケルブランはそのほかにもいろいろな原子転換の事実を提唱した。

ケルブランのこの説は、科学の常識から考えると奇想天外な説である。

なぜなら、今日の原子物理学では、原子力発電所とか原子核物理学実験などで、何十万ボルトという巨大なエネルギーを使うサイクロトロン装置でなければ、原子転換は不可能だと考えられているからだ。

しかし、生物のからだを借りれば、たとえば小さな植物や酵母のような微生物でも、その数百万分の一のエネルギーで原子転換ができるというのだ。

このケルブランの新説を応用すれば、いままでの科学では説明できなかった多くの科学上の謎が、一挙に解明できるのである。たとえば、いろいろなビタミンやカルシウムなどが生体(からだ)のなかで新しく合成されるわけも、この転換説で説明がつけられるようになるだろう。そして、生物体でつくられる有効物質が食品学や医学に利用され、開発されていくに違いない。

さて、ケルブランの〝生体内原子転換説〟と千島の〝血球と細胞の転換説〟は原則的にきわめてよく似ている。ケルブランの説は原子レベルの変化を説いたものであり、千島は細胞レベルでの変化を説いたところが違っているだけだ。

ケルブランと千島は、一九六三年八月八日、パリで会っている。

その前日、千島はパリで講演した。その講演をケルブラン博士とパスツール研究所のステファノポリー博士が聞いていた。そして、食養の大家である桜沢如一氏を介して四人で会食をしたのである。

論文を交換し合い、おたがいに相手の学説を知ったのは、そのときが最初であった。が、二人は共鳴し合い、ほとんど完全に意見の一致をみたという。

そして、千島はケルブランの生体内原子転換説によって自分の学説が説明できることを知った。

千島説は窒素分を含む赤血球と、それを含まない脂肪との転換であるから、赤血球が脂肪に変わるときには、窒素が消える過程があればよい。

すなわち、行方不明の窒素は生体（からだ）のなかで、

$N \rightarrow C + O$

へ転換したと考えられる。

栄養不良のときや断食のときに、脂肪からヘモグロビンや窒素を含む赤血球に逆戻りするときには、炭素と酸素が結合して窒素になればよい。

つまり、

C＋O→N

である。

この考えからいくと、草ばかり食べている動物が肉やタマゴや乳を毎日生産している謎も、からだのなかの原子転換で説明できるのである。

なぜ菜食主義者は長生きするのか

千島は、ケルブランの原子転換説を知ると、野菜の葉緑素クロロフィールと赤血球の色素ヘモグロビンとの関係を考えた。クロロフィールとヘモグロビンの二つの色素の化学構造式はまったくよく似ている。

すなわち、葉緑素の構造の中心がマグネシウムであり、血液の色素のそれが鉄であるのがおもな違いで、両方とも四つのピロールリングで結ばれており、構造はほとんど同じである。

千島はこれは偶然に似たのではなく、葉緑素（クロロフィール）が、赤血球の色素（ヘモグロビン）に変わったのではないかとみたのである。つまり、構造の中心のマグネシウムが鉄分に転換すればよい。

しかし、ケルブランはマグネシウムから鉄への転換には触れていない。ところが、バクテリアの作用によって、ケイ素とリチウムの結びつきから、鉄に転換することはつぎのように説いている。

つまり、

$$Si + 4Li \rightarrow Fe$$

である。

そこで千島はこの式を参考にして、植物の緑色のクロロフィールから、動物の赤いヘモグロビンへの原子転換について、つぎのような関係式を考えた。

$$Mg + H \rightarrow Si$$

$$Si + 4Li \rightarrow Fe$$

これは、あくまでも千島の想像であって確かめられてはいない。

しかしこれが事実だとすると、菜食主義者が長寿で健康である理由は、新鮮な野菜に含まれる質のよいビタミンC、その他いろいろなミネラルや新しい炭水化物ばかりではなく、クロロフィールがヘモグロビンに変わるという論理がつけ加えられ、一歩進んだものになる。

ケルブランや千島の新説を認めれば、生物学や化学が変わり、その応用である医学や栄養学も変わる。

現代の栄養学においては、タンパク質と脂肪や炭水化物とははっきり区別されている。タンパク質は窒素を含み、脂肪や炭水化物は窒素を含まないからである。

そして、栄養学ではタンパク質は絶対に欠かせないものであり、もしこれを完全にとらない場合、タンパク質飢餓におちいって動物は死ぬといっている。

さらに、動物性タンパクは植物性タンパクより有効であるという。その理由は、植物性より動物性のほうが、アミノ酸の構成が私たちのからだによく似ているからだ。これを植物性タンパクで代用する場合は、より多くをとらなければならないという。

どちらにしても、現代の栄養学では、タンパクは動物性であれ植物性であれ、欠くことができないというのが通説だ。それというのも、脂肪や炭水化物は窒素を含まないから、窒素を含むタンパク質の代用はできないという考え方だからだ。

しかし私たちは、ウシが、ヒツジが、ウサギが、タンパク質の少ない草を主食として多量の乳汁を分泌させているのを知っているし、筋肉を発育させていることを知っている。その事実は、いま述べた現代医学や栄養学では説明できない。千島の新説やケルブランの原子転換説に解明の手段を得なければならないのである。

現代医学ではがんは救えない

私は五年間、加藤清氏のがん自然治癒の実態を身近で見てきた。不幸な結果に終わった人もいた。奇跡も見た。そして考えたことは、現代医学では、がんは救えないのではないか、病院では患者に苦痛を与え、逆に寿命を縮める行為をしているのではないかという疑問である。

たとえばこういう例があった。十八歳の少女が腕にできた腫瘍のため、八年間に十三回の手術を受けた。そしてこれ以上の手術はできないから肩から腕を切り落とすという。少女は死んでもイヤだということで加藤氏のところにやって来たのである。両親の話では、腕を落としても肺に転移して、どちらにしても半年ぐらいの生命だと医者にいわれたというのである。

「肺に転移して半年の寿命しかない少女の腕を、どうして切り落とさなければならないのだ。そんなバカなことはない。私が診察した結果では、腫瘍があるのは腕だけではない。むしろ、内臓にある腫瘍のほうが問題だ。十三回もの手術を受けながら、内臓のほうの検査は一度もなかったという。ほかに転移していないかと一度も疑問をもたなかったということは、どうしても腑に落ちない。これはいったいどういうことか」

医師は何を考えているのか！　加藤氏は怒り心頭に発するように言ったものだ。

とにかく、このような患者不在の医療が、どんどん進んでいることは確かである。

四人に一人ががんで死んでいる。これは他人ごとではない。もし自分ががんになったときはどうすればよいか。自分で治すよりほかに道はない。

加藤氏は、四十過ぎればがん細胞は誰もがもっているという。それがオーバーな表現であるとしても、現代人ががん体質化に向かっていることは確かだ。

がんに対する自衛、それは血液をきれいにすること、流れをよくすることにつきる。これはがんだけではなくすべての病気の予防である。

(1)　精神の安定をはかること

(2)　食べ物の内容と量を考えること

(3)　適当な運動を毎日すること

原則的には千島の唱えたこの三つの調和を考えれば、健康は維持される。

千島学説の応用はなにもがんの治療と予防だけではない。がんもすべての病気も血液に関係している。病気といえばがんが現代人のもっとも大きな関心事であるから、あえて私は加藤式療法という実践の場を通して千島学説の医療への応用を紹介した。

加藤氏の会館は、現代医学で見放された人ばかりを相手にしている。つまり、病院でがんと宣告され、なおかつ手術不可能な患者が会館に一縷（いちる）の望みを賭けてやって来るというパターンなのだ。患者たちはほとんどが、放射線で黒く焼かれ、抗がん剤で腸内細菌叢（フローラ）のバランスを崩している。文字通り死にかかっている。

だから、会館に来て助からない人も多い。しかし、そのなかに助かる人が出てくるのだ。医師によって死の宣告を受けたがん患者が、健康会館で治癒するのであるから、これは奇跡というより他ない。

しかし、加藤氏は奇跡でもなんでもないと言う。水断食のような厳しい断食だけではなく、マイルドな断食でからだの若返りをはかり、整体指圧で血行の流れをよくすれば、体質が改善されて、がん細胞が縮小されていくというのである。特別な治療をほどこすのではなく、患者自身の自然治癒力をたかめる方法であり、言い換えてみればがんを患者自身が治しているといえる。

加藤式療法をしのぐ療法はいずれ開発されるだろうが、現在の時点において、がん治療の実績は最高のものではないかと私は考える。

「医者に見放された人を相手にするのもよろしいが、それ以前の予防にも力を入れられたらどうですか」

私は氏に進言している。それこそ、千島教授が願っていたことだからだ。

「現代の若者は自動車やテレビが故障すればそれを修理する知識をもっている。しかし、一番大切な自分のからだのことについてはなにも知らない」

千島教授はそのようなことを私に言ったことがある。

無知こそ病気の最大の原因ではないだろうか。一般の人が健康に対する知恵を得ることが、がん対策の、そしてすべての病気に対する根本であると思う。

第六章

生命弁証法は偉大な哲学である

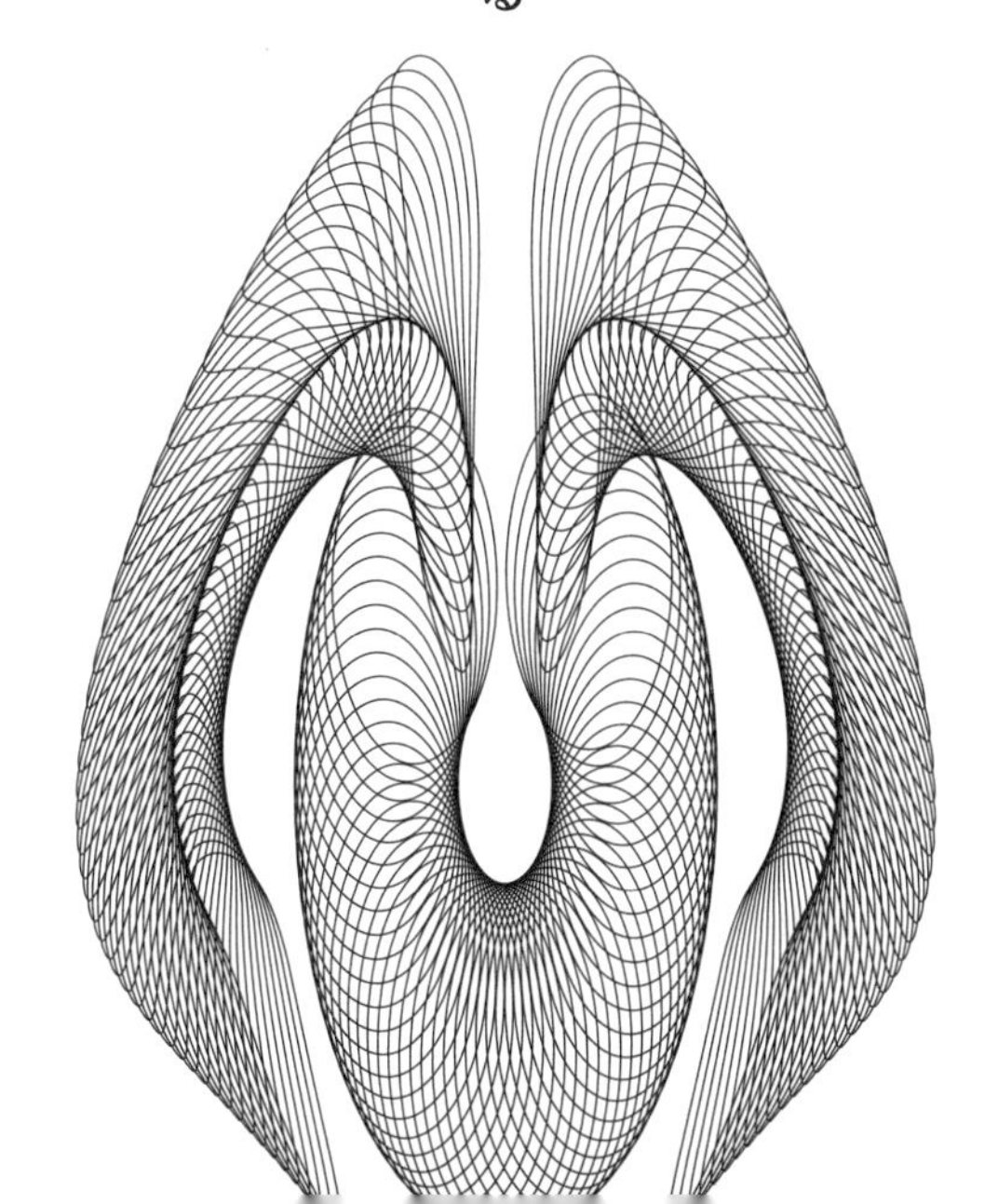

エントロピーの法則は絶対ではない

エントロピーの法則というのがある。これは、「熱は高いほうから低いほうに流れ、高いほうに流れない」という法則である。

たとえば、熱い湯を入れたコップを室内に置いておけば、コップもそのなかの熱い湯も、やがて室内の温度と同じになる。熱は時間がたつにつれて高いところから低いところに流れ、最後には平衡状態になる。

その冷えたコップの水をもう一度熱い湯に戻すには、なにか外からのエネルギーを与えなければならない。このときの冷えた水を、エントロピーが増したという。

つまり熱い湯がもっていたエネルギーの消失を、使用不可能なエネルギーが増したと考えるわけだ。

いってみればたったそれだけの法則であるが、この法則がすべての科学の第一の法則であるといわれている。

ニュートンは、この世の中は不変で機械のように規則正しく動くものと考えたが、二十世紀になってアインシュタインが出て、この世の中は不確定でそして絶対的なものはなく、あるのは〝もの〟ではなく〝つながり〟にすぎないという新しい考え方を唱えた。しかし、最近になってそのアインシュタインの定説を超える法則が、どうやら存在するらしいことが分かってきた。

世の中には絶対の法則というものはなく、あるのは仮説ばかりである。しかし、このエントロピーの法則だけは例外だという。

このエントロピーの法則が、経済学に適用されて最近話題になっている。それは地球のエネルギーがなくなってしまうかも知れないという解釈からである。

たとえば、ひとつのかたちをもっている石油を燃やすことによって、電気などいろいろな動力を得ることができる。石油が電気エネルギーに変わったのである。このエネルギーで部屋をあたためれば、その熱はやがて外気に散っていく。それを集めてもう一度もとの石油に戻すことはできない。理論的にはできなくはないが、そのためには莫大なエネルギーと大がかりな装置とそして気の遠くなるような時間を必要とするだろう。

だから〝エントロピー〟すなわち〝使用が不可能になったエネルギーの量〟は増える一方である。産業主義でひたすら成長を続けた人間も、いずれ、成長の限界にいきつくことになる。いまこそ経済主義のあり方に発想の転換をしなければならないというのだ。

エントロピーとはもともと数学、物理学の術語で「エン」とはエネルギー、「トロピー」

とはひとつの傾向をもつというギリシャ語からきている。

この言葉を考えたドイツの物理学者ルドルフ・クラウジウスは、エントロピーは増大の一途をたどり、熱は最後には平均化され、地球も宇宙も冷たい死の状態になると言った。

エントロピーの法則とは、言いかえてみれば、時間は矢がとんでいくように一方向に進み、再びもどって来ないということを意味している。

しかし、自然界にはエントロピーの法則があてはまらない例がたくさんある。生物がそれだ。からだの内部と外部との間で、つねにエネルギーの出入りが自由であるから、この法則の支配を受けない。

進化論をみても、単細胞のアメーバが進化して、今日のさまざまな生物に分かれたのであるから、やはりエントロピーの法則とは逆に、単純から複雑の方向を示している。

しかし、生物はいずれ死ぬ。死ねばこの法則の支配を受けると考え、世界の学者はエントロピーの法則を、絶対的な真理として認めている。

だが千島は、このエントロピーの法則に真向うから反対する。

その理由は、エントロピーの法則は、自然の姿の片面だけしか見ていない。つまり、自然界の一方だけを支配する〝死の法則〟だというのである。

自然界には、もうひとつの法則すなわち〝生の法則〟がある。この〝生と死〟の両面の法則でものごとを見なければ、事実を見落としてしまうと、千島は言った。

地球におけるエントロピーの増大は、人間が工業化を進めたために自然のサイクルを破壊したからであって、エントロピーの法則が働いたためではない。人間でいえば病気の状態である。自然界のあらゆるものを観察してみると、地球も宇宙も閉ざされた世界ではなく、外部とエネルギーを交換している存在だと考えられる。これを証明することはできないが、宇宙は外に開かれたオープンシステムと考えたほうが自然である。

千島はこのように考え〝生命弁証法〟を唱えたのである。

生命弁証法は「すべてのものは繰り返す」ということを原則にしている。時間さえ繰り返すという。すなわち、科学の絶対の真理、エントロピーの法則すらのみこもうとしているのだ。

生命弁証法ですべての現象は説明できる

千島は現代生物学、医学の常識を破った学説をつぎつぎに唱えた。なぜそのようなことができたかというと、それは彼に生命や自然をありのままに見る眼があったからである。

千島は自分が生命や自然をどのように見たか、そしてそれをどう考えたかを〝生命弁証法〟

として遺している。

私はこの生命弁証法こそ、千島のもっとも偉大な業績だと思っている。血液の研究も、細胞に対する新しい考え方も、生命とは何か、自然とは何か、それを追い求めた彼の副産物であったのだという気がする。

それはともかく、この章ではその生命弁証法をとりあげ紹介したい。

千島の生命弁証法の項目は、専門家向けと、一般啓蒙用とで若干違い、また時代的変遷もみられる。そこでそれを整理し、私はつぎの十項目に分類した。

(一) すべての事物は時間の経過と場所に応じてたえず流転する。
(二) すべての事物は矛盾対立を内包し、その葛藤(かっとう)が進歩や変化の原動力となる。
(三) すべての事物は量の蓄積によって質的変化が起こる。
(四) 生命の発展や進化はＡＦＤ現象（千島の造語）の過程による。
(五) すべての事物には経過途中の中間点がある。
(六) 自然界は連続している。
(七) すべての事象は繰り返しを原則としている。
(八) 自然界は共生でなりたっている。
(九) 生命の形態はアシンメトリーである。

(十)　生命現象は波動と螺旋運動としてとらえるべきである。

この十項目の分類と順番が千島の生命弁証法をもっともうまくとらえたものかどうかは別にして、本書ではこれにしたがって紹介していくことにする。

どちらにしても、この生命弁証法に合致しない事実はない。どのようなことがらでもこの理論で説明できる。例外はまったくないのである。

弁証法とは変化を中心にした考え方である

弁証法はすべてのものが変わるという、変化を中心にした考え方である。仏教の重要な教えに「生あるものは必ず滅す」というのがある。人間が生まれ、青年になり、そして老いて最後に死ぬということも、千島の弁証法の「すべての事象は時間の経過と場所の変化に応じて絶えず流転する」という第一項に入る。

千島喜久男という一人の人間は、生涯を通して千島喜久男であったが、二十歳のときと、四十歳のときと、そして晩年とではまったくその内容は違っている。九州大学の研究室で大発見をした四十歳のときの千島は、東京で書生をしながら夜学に通っていた二十歳のときと、晩年岐阜大学の教授であったときの千島との中間に在るものである。一人の人間の一生を眺めてみても、その運命、そしてその考え方、からだの内容などすべてが変わる。

「人間は同じ川に二度と足を浸すことはできない」

ギリシャのヘラクレイトスは、すべてのものが変わるということを、そのように表現した。淀川にはいつも水が流れている。しかし、昨日の水と今日の水は違っている。淀川という名前は同じであるが、そこに流れる水は違っている。だから、同じ川には二度と入ることはできないのである。

自然現象だけでなく、政治、経済の仕組みや社会生活もどんどん変化している。株も下がるときがあればあがるときもある。人間の心も常に変わる。

ところが、現代の科学は、ものごとを変化しないものとしてみている。赤血球は赤血球であり、白血球は白血球であり、まったく別の系統のものだとして区別する。

しかし、千島はすべてのものは変わるという眼をもって顕微鏡を覗いた。そしてそこに赤血球が核をもつ白血球に変わり、それがさらに細胞に変化することを発見した。そればかりではなく、細胞はいつまでも細胞ではなく、赤血球に逆戻りすることも見つけた。だから、がん細胞においても、断食などで栄養を与えなければ、赤血球に逆戻りするのだと説いたわけだ。

だが、現代医学はそれを否定する。男は男であり女は女である。その中間はない。現代の科学は形式論理だから、がん細胞はがん細胞、赤血球は赤血球という考え方をする。

高度に進化した人間の場合には、自然に男が女になったり、女が男になるといった極端な例はない。しかし、生物の世界をひろく眺めてみると、オスがメスになり、メスがオスになる事実はいくらでも知られている。

海に棲むゴカイの一種でオフリオツロカという、体長がわずか数ミリばかりの環虫がいる。メスは三十ほどの環節があり、オスは環節が十五以下である。メスは産卵すると、産後の疲れからか痩せおとろえてくる。するとオスがめきめきと成長して節の数を増してメスに性転換する。そして夫婦の関係はそれまでとは逆になる。このような性転換による夫婦逆転の現象はそのゴカイが生きている間、何度も繰り返す。

そのほかにもいろいろな性転換が知られているが、一九八三年の春、東京の上野動物園のクジャクのメスが典型的な性転換を行ない話題を呼んだのは記憶に新しい。

人間も発生の時点では両性的で、まだ男とも女ともきまっていない。このことを考えれば、人間は生まれてから男が女になったりはしないが、そういう要素は潜在的にもっていると考えたほうが正しいのではないだろうか。

遺伝子も変化する

遺伝学とは、〝遺伝〟すなわち子が親に似ることと、兄弟姉妹がおたがいに似ていることと、その反対の〝変異〟つまり子が親と少しずつ違い、兄弟姉妹もおたがいに少しずつ違っていることとの仕組みを調べる学問である。

ところが、現代の遺伝学は、似ているという遺伝の仕組みに重点をおき、少し変わっているという変異のほうは軽く考えている。

生物は環境によってからだのかたちや、性質を変えていく。生まれたあとに起こるこのような変化は、その生物の一代限りのものであって、それは子には伝わらないと、現代の遺伝学はいっている。

そして、生物が進化してきたその変化のおもな原因を、ちょっと乱暴な言い方が許されるなら〝あるとき突然〟といった突然変異で片付けてしまっている。突然変異というのは魔術的な用語である。裏を返せばわけがわからないといっているのと同じ意味である。これでは納得がいかない。

生物はながい年月にわたって代々、子が親に似るという遺伝と、環境などによる親の変異を子に伝えるという、このふたつの要素をつみかさねて少しづつ変化して、そして進化したものである。

人類には、白色人種、黄色人種、黒色人種と大きく分けて三人種いる。これを突然変異で説明することはできない。

白色人種の白い皮膚と青い眼、そして金髪は、彼らの先祖が北方の寒冷地帯に住んでいたためである。つまり、太陽光線が少なくメラニン（色素）を形成する能力がおとろえた結果である。鼻が高いのも、寒冷地帯であるため吸った冷たい空気を少しでも温めて肺に入れる必要があるためで、毛深いのもその地方に適応したためである。

先祖代々のながい年月にわたる生活環境に対する適応によって、少しずつ変化してきた特性が、少しずつ子孫に受け継がれ、今日の白人の体質がつくりだされたのである。偶然、あるいは突然変異して、黒色人種から、あるいは黄色人種から、白色人種があらわれたのではない。

これは黒色人種にもいえることで、彼らは熱帯地方の太陽光線の照射を受け、からだの内部を紫外線から守るため、皮膚にメラニン色素を形成して黒い肌をもつようになったのである。鼻が低くて穴が大きいのも、できるだけ体内の熱を発散させるためである。

これは人種だけではなく、ゾウだって同じだ。アフリカのゾウは皮膚に短い毛が、申しわけ程度に生えているだけだが、かつてシベリアに生息していたマンモスは全身長い毛に被われていた。これはゾウの種類が違うのではなく、環境の違いにゾウが適応して、かたちや姿を少しずつ変えていったためである。

しかし、現代の遺伝学では細胞核のＤＮＡという遺伝子によって、子供へ、そして孫へと伝えられるという。しかしその核も赤血球から造られるとしたら、そうした不変的な考えは間違っていることになる。

すべてのものは変化する。変わらないようにみえるのは観察の時間が短いためである。たとえてみれば映画のフィルムの一コマだけを見て、すべてを判断しようしているのである。仏教でいう諸行無常が、千島の生命弁証法の第一項である。

不安定こそ生命の本質である

第二項の「すべての事物は矛盾対立を内包し、その葛藤（かっとう）が進歩や変化の原動力となる」というのも弁証法の根本的な考え方であり、例外のない真理である。

一日も昼と夜という矛盾し対立したものからできており、その変化を原動力として明日がくるのだし、人間の精神を考えても矛盾対立した理性と感情がある。つまり、人間にはよこしまな心の欲望があり、それに対抗する良心がある。健康な人はその矛盾を理解しているから、理性的に判断して正常な行動をとる。

これは理性と感情がうまく統一されている状態だが、犯罪者などは、この理性と感情が不統一であるため、とんでもないことを考え、罪を犯してしまうわけだ。

自然は原子という微小な部分から、巨視的な地球にいたるまで、相反するものでなりたっている。

水素原子というミクロの世界では、中央に核があってそのまわりを電子がフルスピードで旋回し、この対立が統一された構造になっている。核はプラスの電気をおび、周囲をまわる電子はマイナスの電気をおびている。プラスとマイナスという対立するものが統一されて、一個の水素原子をつくっている。この統一を破ることによって得たエネルギーが核爆発だ。

細胞は無数の原子、分子が集まってできているが、その一個の細胞は、酸性の細胞核と、それをとりまく微アルカリ性の細胞質からなりたっている。ニワトリのタマゴも、中央の黄身は酸性でそれを包む白身は微アルカリ性で、その対立が統一されてなりたっている。

地球は北極と南極で、NとSという対立した磁性を示すように、自然現象や生命現象はすべての矛盾対立をそのなかにもっているのである。これらすべてのものにひそむ対立は、男と女のようにおたがいを補いあっているが、それは決して固定したものではなく、ときにはマイナスが優勢になり、またときには、プラスが優勢になったりしながら流動的なバランスをたもつ。よせては返す波のようにその消長を繰り返している。

生命という現象も数知れない矛盾と対立をもっている。動脈と静脈、自律神経の交感神経と副交感神経、これらは対立しながらおたがいに補いあってからだの生理的作用を順調に運んでいる。これがリズムを失うと、自律神経失調症という病気になる。

生物におけるこの矛盾対立は、つねに動的(ダイナミック)で、そして、だいたいにおいて平衡状態にある。だが、完全な平衡状態ではなく、そのとき、そのときによってどちらか一方が力をもつ。たとえていえば右足と左足をかわるがわる使って歩くように、その繰り返しによって生命をたもっているのだ。

生体(からだ)が一定の平衡状態に達すると、その安定をきらう力が働き、不安定な状態へ移り、つねに動揺を続けようとする。ところがこの対立がなくなり、完全な平衡状態になると、これはすなわち生命の死を意味する。

老子は、

「一つの道は陰陽二気を生じ、二は三を生じ、三は万物を生ず」

と、述べている。

これは自然や生命のはたらきを、直観的にとらえている。すなわち、対立するすべてのもの、すべての現象は、最初から対立した二つのものではじまったのではなく、もともと一つのものが、二つに分かれたのである。そしてその二つは一つのところに帰するという。老子の思想にも弁証法が使われている。

「自然や生命はおよそ調和しているが、少しゆがみをもっている。そのゆがみこそ生命や自然の真の波である」

千島は自説の生命弁証法のなかでそのように述べ、これらすべての自然現象は、波動と螺旋性をその基礎としていると考えついたのだ。

なぜトカゲのシッポは切っても生えてくるのか

第三項の「すべての事物は量の蓄積によって質的変化が起こる」ということも、あらゆる弁証法のひとつの特質であり、万物は流転するという法則を、角度を変えて眺めたものである。

ここに水と温度の関係をみてみよう。液体である水に熱を加え、摂氏一〇〇度にすると気体になる。すなわち温度の量を蓄積させることによって、水が質的変化を起こしたわけだ。それとは逆に水の温度を下げて冷却すると、摂氏〇度に達したとき、液体であった水は個体の氷に変化する。これが量のマイナス蓄積による質的変化である。

生物の進化をみても、この法則をみることができる。単細胞のアメーバやバクテリアはその構造や働きが単純で下等であるが、そのような細胞が約六十兆集まったものが人間だ。人間はその肉体や精神の構造、あるいは働きにおいて、アメーバより複雑で高等なものへと、質的な転換をしている。

生物体は細胞の集まりである。細胞が集まって各種の組織を造り、組織がさらに集まって器官を造り、器官が集まって系統を造り、系統が集まり溶け合って生物個体を形成している。

百万円は一円の集まりであるように、生物は細胞の集まりだが、その成分である細胞をある割合で加えてみても、生きた人間や生物は生まれてこない。生命のもつ全体性は、部分のたんなる寄せ集めではなく、なにものかがプラスアルファされて、新たに獲得されたものをもつからだ。生命体は部分のたんなるたし算以上のものをもっている。

だから、からだは健康なときでも、病気のときでも、生命を維持しよう、正常に回復しようという方向に働く。

全体が部分より優位に立っている証拠として、よく例にあげられるのがトカゲのシッポである。トカゲの尾は切断してもやがてもとどおりになる。これは生命体が全体を維持しようと働くためである。高等動物では切断した足や手がまた生えてくるということはないが、たとえば傷などを負っても、その部分はちゃんともとに戻るし、骨折してもやがて接続する。手術などでかたほうの腎臓や肺を切りとったとしても、もうかたほうの腎臓や肺が大きくなって、その不足を補おうとする。これは生物のからだが機械とは違う点である。

このように生物は全体性をもち、全体のために部分を規制する。がん細胞がからだにあらわれるのも、がん細胞があらわれなければ、からだは全体としてもっと悪い方向にいくからだ。

がん患者で腹水がたまるのは、末期的な症状である。だが、この腹水は熱くなったからだを冷やすために、必要に応じてたまるのである。現代医学ではこの腹水を抜く治療をするが、原因をとり除いていないから、すぐにたまる。腹水もからだの維持に必要だから起こる現象であるということを忘れている。

医学の基本に誤りがあるのではないだろうか。

個体発生は進化のプロセスを繰り返す

第四項の「生命の発展や進化はＡＦＤ現象の過程による」というのは、千島が新しく提唱した事項である。

現代の遺伝学では、獲得性遺伝を否定している。つまり、親から受けた遺伝は変わらないから「生まれつきがたいせつである」という遺伝学を唱えている。

遺伝に関する日本のことわざに「氏より育ち」というのがある。これは、生まれつきより生まれたあとの環境のほうが大切であるということを教えている。ところが一方で「ウリの蔓にはナスビはならぬ」とか「カエルの子はカエル」ということわざがある。こちらは生まれつきが大事だと言っている。このような対立したことわざが仲良く同居しているのだ。

また「トンビがタカを生む」ということわざがある。これは突然変異を意味している。

現代の遺伝学は細胞の核の遺伝子を大変重要視しているから「カエルの子はカエル」といった見方の遺伝学である。そして「トンビがタカを生む」ということを否定する。

しかし、千島は、人間や生物のかたちや性質は、つねに変化してやまないものだから、生まれたあとも遺伝質はその条件しだいでよくもなるし悪くもなるとして、獲得性遺伝を肯定したのである。

私たちの細胞の原形質のなかには、過去に祖先が何万回も繰り返した体験が記憶として蓄積されている。それが本能や反射など遺伝的な性質となったと考えられるのである。

高熱でうなされたときに、高いところから落ちる夢を見るのは、人間がサルであったときの記憶が残っているのかも知れない。また、子供や婦人がヘビやトカゲに恐怖を感じるのは、太古において恐竜が人類の敵であったことの証拠だとも考えられる。夢のなかで、空をとんだり海に潜ったりするのは、私たちがそれにあこがれているのではなくて、人間がトリであったり魚であったりしたときの名残りではなかろうか。

ヘッケルは「個体の発生は進化のプロセスを短縮して（系統の発生を）繰り返す」という、有名な〝ヘッケルの反復法則〟を唱えた。個体の発生のプロセスから、逆に進化のプロセスを知る方法として、ヘッケルの考えは重要な意味をもっている。

人間も受精卵という一個のタマゴから発生する。これは微生物である。それがエラをもつようになり、やがて尾をもつ。胎児六ヶ月頃には全身に黒い毛が発生し、生まれる頃になると、その毛が脱毛または吸収され、ふつうの赤ちゃんとして生まれてくる。また人間の発生の初期には男になるか女になるかわからない。両性的である。これらのことから考えれば、人類進化の十億年の過程をわずか十ヶ月の胎内で、おおまかに繰り返すというヘッケルの法則は、事実でありまた弁証法とも一致する。

生物のからだを構成している細胞の原形質は、一種の記憶をもっていて、一度経験したことを繰り返そうとする性質がある。このことは習慣という言葉で、私たちが日常生活で多く経験していることである。

千島は、原形質が記憶と習慣性を繰り返すうち、それが長い年月の間に固定して、本能や反射運動となり、ついに遺伝的に固定したものと考えた。

そして、このような獲得性遺伝と発生学上の事実を、進化論として統一するにはつぎの四つのことが必要だというのである。

(1) 細胞の新生と自然発生を認めること（千島説・レペシンスカヤ説）

(2) 獲得性遺伝を認めること（千島説・ルイセンコ説）

(3) 生殖細胞は体細胞の一種である血球から変化したものであることを認めること（千島説）

(4) 生命の反復法則を認めること（ヘッケル説）

この四つの事実を認めなければ、現代の進化論はますます複雑で矛盾にみちた学問になり、混乱は避けられないと千島は言う。これは正しいと私は確信できる。

集団は個性の集合ではない

生物の発生で繰り返し起こっているこの習慣性を、千島は「原形質の履歴反復性」という難しい用語を使って説明した。

そして、その「部分」に含まれている要素が集合することによって融け合い、しだいに新しいかたちと性質ができあがって全体をつくりあげる。千島はこの現象を「ＡＦＤ現象」と名づけた。集合（Aggregation）、融合（Fusion）、分化発展（Differentiation）の三つの頭文字をとって造語したものである。

たとえば、クロレラは集まると融け合ってＤＮＡを含む細胞核をもった立派な海綿細胞に生まれ変わるが、これもＡＦＤ現象で説明できる。

原生動物のゾーリムシは、バクテリアが多数集まって、それが融け合って、進化、発展してできたものである。このように自然や生命の現象はＡＦＤ現象の原則にしたがって成長し、発育する。

人間でも個人が集まると、その集まりのなかで、各個人のもっていなかった新たな性質や心理が生まれ、集団特有の雰囲気がつくりあげられる。また国家とか民族は、それぞれその気候と風土とともに、特有な気質と体質をもつにいたったものである。つまり、千島のいうＡＦＤ現象は、量の蓄積によってすべてのものが質的に変化するという弁証法の原則に適用して得たものといえる。

そして、集団が離ればなれになっていったり、散らばっていくという逆ＡＦＤ現象は、死の方向であり、退行の原則になる。自然界はこのＡＦＤ現象と逆ＡＦＤ現象の繰り返しであると千島はみたのだ。

真理は限界領域のなかに宿る

科学は一般にはっきりしているものだけを対象にし、不明瞭でぼんやりしているものを嫌う傾向にある。明瞭なものを尊重するという科学者の精神は、それは当然なことだが、はっきりした事実がありながら、型取りできないために、それを不明瞭だとして排斥するのは間違っている。

「組織学の実験で学生を指導していて、つくづく考えたことがある。組織学の教科書には、血球あるいは細胞の定型的な特性を備えた図が記載されている。しかし、実際に顕微鏡を覗いてみると、血球とそれぞれの組織細胞との中間移行型の細胞が見える。

これは一体何なのか?

もし、学生からそのような質問をされた場合、教授たちはどう答えるのだろう。私は大きな疑問をもったことがあった。

おそらく、世界中の組織学者や病理学者は、私が疑問に思ったのと同じような場面に出合っているに違いない。なのに誰もそのことに解答していないし、その中間型の細胞の説明はできていない。

それは、現代の科学が形式にとらわれてAともBともつかないものは、無意識にあるいは意識的に見逃しているからではないだろうか。血球とも細胞ともつかないその中間移行型のものを説明するには、私の学説によれば簡単に解けるのだ」

これは現代科学のものの見方を批判して、千島が述べていることである。

千島の学説の全体を眺めてみると、その研究のすべてが限界領域にある、ばくぜんとしたところに向けられているといっても言いすぎではない。この限界領域にこそ真理がかくされていたのである。

千島の弁証法の第五項目「すべての事物には、経過途中の中間点がある」とは、このことだ。

現代の生化学者は、「赤血球が時間と場所と条件の変化によって、白血球となりやがて細胞に変化する」という千島説を認めない。赤血球はいつまでも赤血球のかたちや性質をもちつづけているものと考えているからだ。それは、地球の一部をとらえて大地は直線であると考えているようなものである。

時間をかけ連続して観察すれば、赤血球が細胞に変化することを見つけるのは、容易である。

たとえばラジウムは二千年ほど経過すると鉛に変わる。原子でさえこのように長い時間のなかでは変化するのだ。これは理論的に分かっているもので、誰かが二千年間観察して調べたものではない。なぜ分かったかというと、その経過途中の中間点を調べたからである。

千島が新説を唱えるきっかけとなった研究は、ニワトリの生殖腺の研究である。このとき、胚子のウォルフ氏体（中腎）に附着している生殖腺を切り離して、顕微鏡検査をするのがふつうである。しかし千島はそれを切り離さず、一体のものとして標本をつくった。なぜなら、ウォルフ氏体と生殖腺のでき始めは、連続的で境がないからである。そしてその境界を眺めて、偉大な原理を発見する端緒となったのだ。

生物と無生物は連続的である

生命弁証法の第六項目「自然は連続している」というのも真理である。にもかかわらず、現代科学はスタティックな形式論で、ものごとをとらえようとする。しかし、自然界はおたがいに関連をもつ。環境と人間との関連、また、生物と無生物との関連、これらすべてが連続的である。

一般には、自分のからだと外界とははっきり区別できると考えるのがふつうである。しかし考えてみると外気は鼻の腔(あな)から気管を通して、からだの奥に入り、肺の膜でガス交換を行なっている。そこで酸素と二酸化炭素が出入りし、この壁が外部と内部の境界となって人間は自然とつながっている。

消化器においても、口と肛門を通して外界に開いている。人間は穴のあいたチクワのようなもので、消化器の内側は外部環境であるといえる。

その消化器のなかにつまっている食物は、腸の膜を通じて内部環境である血液とつながっている。そしてその食物が消化されたものは、「食物モネラ」と呼ぶが、腸の絨毛（じゅうもう）とのはっきりした境をもたず、連続して移行している。すなわち、この発見が「血は腸で造られる」という説を千島に唱えさせたのだ。この〝腸管造血説〟は、血球と細胞は連続しているという〝赤血球分化説〟とともに現代医学の根本を揺り動かす大発見となった。

このようにすべては連続している。生物と無生物も連続している。生物と無生物との区分は、人間が勝手にきめたものにすぎないのである。

現代生物学では生物とは、つぎのようなものであると定義している。

(1)　生物は、どんな下等な微生物でも、細胞核と細胞質とそれをつつむ膜をもつ細胞で構成されている。（構造的にみて）

(2)　核はＤＮＡと核タンパク、細胞質はおもにタンパク質とＲＮＡその他を含むコロイド状のゾル（またはゲル）なるものからなる。（物理化学的にみて）

(3) 生物は呼吸、栄養吸収、排泄などの物質代謝を行なうし、外部から受ける刺激に反応し、そして、成長し自分に似た子供を生み老化して死に終わる一連の生命現象をあらわす。(生理化学的にみて)

このような定義からすれば、細菌やアメーバはどうにか生物の仲間に入るが、ウイルス、発疹(はっしん)チフスやつつがむし病の病原体であるリケッチアなどは生物とはいえない。彼らはDNAを裸でむきだしており細胞構造をもたないからである。ウイルスは「生きながら死んでいる」などといわれるのもそのあたりに理由がある。

しかし、これらはDNAや核タンパクを含み、自己増殖もするから、生物に近い性質をもっている。だが、生物の定義を満足させていないから生物ではない。

では、ウイルスやリケッチアは何者なのか。それらは生物と無生物の限界領域にあるものともいえる。人間が生物と無生物を勝手に区分したために、ウイルスやリケッチアは居どころをなくしてしまったのである。

自然には飛躍もなければ境界もなく、連続的であるとするのが、千島の弁証法である。生物の起原はオパーリンが示したように、無機物が有機物になる時点で、そこから発展して生物に進化する。オパーリンは今日の地球上では生物の発生はないとしたが、千島は今日でも無生物が生物になる可能性はあると言った。

千島はウイルスの発生の研究はしていない。しかしバクテリアの自然発生からみて、ウイルスも生物の細胞が死んでくずれていくとき、その解体の途中で生まれてくるものと考えた。つまり細胞の死がバクテリアやウイルスを生む。

このように考えると、生と死の限界がなくなってしまう。これは「死は生の契機である」という哲学に結びつき、生と無生のはっきりした境界線をとり除き、連続的なものにしている。

人間は先に述べた生命現象をからだにもっているから、無生物ではない。だが私たちのからだのすべてが生物的であるかというと、そうではない。このからだにも無生物的な半面がある。私たちの爪とか髪の毛とか、また硬くなった表皮は、生命をもたない無生のものである。

たとえば、鳥類のタマゴの外側はカルシウムのカラで被われているし、植物細胞のある種のものでは、細胞のなかに無機塩類の結晶を含んでいるものがある。

マスクメロンの外表のネットは、割れ目ににじみ出した液汁が固形化したものであり、松や杉の樹皮は、松や杉のもつひとつの特性であるが、いずれも無生物的半面である。このような例はいくらでも数えあげることができる。

だが、量的に考えれば、生物は生命的な部分が圧倒的にまさっていることは当然である。

ただ生物だからといって、あるいは無生物だからといって、それを区別するのは、あくまで人間の勝手であって、本来、自然界は区切りなく連続してつながっているのである。自然界にはなにひとつ、孤立し、他とつながりをもたないものはない。

逆成長で長生きすることができる

第七項の「すべての事象は繰り返しを原則とする」は、生命弁証法のなかでももっとも重要な事項である。

難しく言えば〝可逆性の原理〟ということになり、やさしく言えば〝繰り返しの原理〟ともいえる。

先に述べたように、発生や発育のプロセスはAFDであるが、崩壊、破滅、死へのプロセスは、逆AFD現象となる。このAFD現象と逆AFD現象を一体にしたものが繰り返しの原理である。しかし、この千島の考え方は、今日の科学の主流の考え方と対立する。

千島は赤血球は細胞に変化し、細胞はまた赤血球に逆戻りすると唱えた。しかし、現代医学は、赤血球は赤血球としての運命をもちつづけ、ひたすら死に向かっている。また細胞も細胞として何者にも変化せず死んでいくという。

そして、それを端的に示しているのが、この章の冒頭で述べたエントロピーの法則である。ところが千島の弁証法は現代科学最高の法則といわれるこのエントロピーの法則をも呑みこもうとする。

たとえば石油は燃えてエネルギーになったが、そのエネルギーは自然の力で再び凝集して素粒子になり、原子になり、分子へと発展する。つまり千島は、物質の世界でも成長の法則（AFD現象）や崩壊の法則（逆AFD現象）が起こるというのである。

エントロピーの法則が成立するのは、宇宙がエネルギーの出入りのない有限の世界だと考える場合であって、宇宙が無限であれば成り立たない。

現代科学は宇宙を六十億年の寿命をもった歴史上ただ一回きりのできごとだとみている。だから時間は逆に戻らないという法則が、正しいようにみえてくる。しかし、宇宙は有限であると実証した学者は誰もいない。それと同様に千島がいうように地球が幾たびも発生と崩壊を反復してきたということもまた仮説にすぎない。

ただ千島は、時間を逆戻りするものだととらえ、地球上に人類が生まれ、こうした文化生活を営んでいるのは、過去にも未来にもただ一回限りではないだろうということを、観念ではなく科学的に証明しようと腐心したのである。そして、そう考えたほうが合理的であると知ったのだ。

エントロピーの法則に反する〝繰り返しの原理〟は、西洋の思想からは異質のものにみえるかも知れないが、東洋人の私たちにとってみれば、ごくふつうのあたりまえのことではないだろうか。

老子は「陽きわまれば陰に転じ、陰きわまれば陽に転ず」と言っている。

これは川の水は海に流れるが、海は満ちることがないという聖書の言葉に通ずる。自然というものは、限界になればつぎにはそれを減ずる力が働き、まったく逆方向に向かう作用をもっている。

また般若心経の教えで〝色即是空〟というのがある。

色とは目に見えるもの、空とは目に見えないものというほどの意味で、科学的にいえば物質とエネルギーの関係をあらわしている。物質はエネルギーであるが、エネルギーも物質であるということと、物質はエネルギーになるが、エネルギーも物質になるということがこの短い言葉に集約されている。物質はエネルギーになるが、エネルギーは物質には戻らないという、不可逆的な西洋思想に比べ、深いおもむきが仏教のなかにはひそんでいるのだと思わせる言葉である。

しかしいずれにせよ生物の世界では、可逆性、つまり繰り返すということはふつうのことである。

生物は、生まれ、成長し、老化して死ぬ。その流れは時間という流れとともに進むからエントロピーの法則に一致する。ところが、生から死に至る間には、エントロピーの法則に反する時間の逆転、すなわち生物学用語でいう〝逆成長〟という事実がある。

この事実のもっとも代表的なのが、クラゲの逆成長である。クラゲは食べ物のない海水中において絶食状態になると、まず触手、つまりタコの足のように伸びている足が、だんだん縮まっていき、そしてからだ全体がしだいに小さくなり、ついには発生の初期である細胞のかたまりにまで逆戻りする。

そこで、もう一度栄養分を与えると、再び成長をはじめ、もとどおりのちゃんとしたクラゲになる。これを生物用語では、逆成長（De-growth）と呼んでいるが、このクラゲにとっては、そのとき、時間を逆行しているのである。

人間の場合、断食をしたからといって、老人が赤ちゃんになったりはしないが、しかしこの逆成長を応用することはできる。

人間の場合、百歳以上の長寿をもつ人もいれば、短命で終わる人もいる。長寿をたもつ人は短命で終わる人より逆成長をうまく利用したといえる。人間の場合、逆成長というのはおかしいし、そのような言葉は使わない。一般には若返りという。この若返りのつみかさね、つまり、生体（からだ）のなかの時間の進行をうまく遅らせることで、長寿を手に入れるのである。

その方法が、少食、節食、断食によって血液を浄化させる療法にあるということは周知の事実である。

がん治療において、先に紹介した加藤氏の場合、ガン細胞ができたらけっして消えることはないという現代医学の考え方に対し、この逆成長の原理をうまく利用したものといえる。

一日は昼と夜、一年は春夏秋冬、月は満月と新月、海岸に打ち寄せる波は満ちたり引いたりするように、この世の中のすべてのものは、成長と逆成長を繰り返してなりたっているといえるだろう。

自然界は共生でなりたっている

進化論に反対する人はたくさんいる。これは西洋でも、そして日本でも宗教に関係する人に多くみられる。

人間や各種の生物は、大地の創造とともに神が現在の姿のままで創造したものだというのである。しかし、それは化石など地球の歴史の証拠をみると、妥当ではない。宗教の指導者が進化論に対して反対するのであれば、まずは進化のおもな原因と考えられている「自然淘汰説」「生存競争説」「弱肉強食説」などに対する、人道や倫理面からの批判をもつべきであろうと私は思う。

自然淘汰というのは、環境にもっとも適したものが生き残り、その環境に適さなければほろびるという考え方である。生存競争というのは、その環境のなかで生き残れる性質をもったもの同志の激しい争いであり、弱肉強食になればその争いはさらに増す。

この世の中は神様が造ったものではなく、微生物が気の遠くなるほどの年月をかけて人間などに成長したという進化論には千島は賛成するが、それがほかの生物をおしのけて、人間が人間になるために進化を続けてきたといった考えには反対した。

人間の社会が複雑であろうとなかろうと、結局のところ、個人と個人の信頼関係にすべてがあるのと同じで、生物の進化も、種の違う生物との助けあい、相互扶助でなりたっているのではなかろうか。

千島は、進化のもっとも大きな力は「自然界は共生でなりたっていることだ」と言った。

生物学用語でいう共生（Symbiosis）は、二種以上の生物がおたがいに相手のほうに対して利益を与えつつ、そして共同で生活する現象をいっている。

たとえば、豆科の植物と根瘤バクテリアの関係では、このバクテリアは空気のなかの窒素を植物に与え、そして、それとひきかえに植物から栄養をもらって生きている。つまり、豆科の植物は豆科の植物だけで生きているのではなく、バクテリアはバクテリアだけで生きるのではない。おたがいに相手を必要として、そして共に生きているのである。

このような関係は、多くの植物とその植物の根に附着する菌類、イソギンチャクとヤドカリ、菌類と藻類などにみられる共生の地衣類、クロレラ類と原生動物のアメーバ、その他海産動物など、すべての生物のなかに見られる。

最高度に進化した人間ですら、腸内菌である最下等のバクテリアと共生しなければ生きていけない。昆虫の脂肪体のなかの共生菌、シロアリと腸内共生微生物の関係は、共に自分が生存するためにきわめて重要な役割を、おたがいに演じている。

これらのことは、現代生物学の常識としてよく知られていることである。だが、この共生の重要性はあまり認められていない。だが、生物界を見渡して、まったくほかの種の助けをかりないで生きている生物はいないのである。

共生とは種類のちがう生物がおたがいに利益を与えつつ共に生きるという意味であるが、その意味をさらに広く解釈し、同一種の生物のなかにも適用できる。人間同志が助け合って生きているように。

たとえば、有機物を含んだ水の表面に生ずる菌膜に発生している多種類のバクテリアは、まるで申し合わせたように集合して集団をつくり、しだいに溶け合い、最終的には核と絨毛を生じ、原生動物のゾーリムシに成長する。

これは同一種の生物が多数集まってＡＦＤ現象で新しい生物に発展する例である。

千島は、自然のあらゆる現象のなかに見られるＡＦＤ現象を「親和力、または愛」と呼んだ。原子、分子、有機物、細菌、細胞など、すべての物質は集合しようとする一種の衝動に似たものをもっているというのだ。

それは、化学的には親和力、物理的には同性電荷（でんか）をもつ分子の同性反発、異性牽引（けんいん）の法則にしたがうものから、細胞や卵黄球のように同性、異性の区別なく、ただただ集合しようとする衝動にかられるものをも含め、すべての物質は精神をもっているという。

もちろん、陰と陽の電気的な単純なものから、高度に進化した人間の精神的エネルギーにいたるまで、その程度は異なっているが、根本には共生がある。そしてこれは「親和力、または愛」という力によるものだ。

「若いとき、この世の中でもっとも美しいものは、若くて美しい異性であると思った。その考えはいまに至っても、かならずしも間違っているとは思えない」

七十歳もかなりすぎた千島教授が、ふと私にもらした言葉である。

生命弁証法の第八項目「自然界は共生でなりたっている」という考えは、ただ、事実から導きだしただけではなく、千島の人間性がそう言わせているようにも感じる。

ベルギーの物理学者イリヤ・プリゴージンの理論が最近注目を浴びている。彼は一九七七年のノーベル化学賞の受賞者で、やはり、エントロピーの法則を超えようとする理論をもっている。

「宇宙の起源が、大きな爆発（ビッグ・バン）ではじまったとしたら、宇宙はたんなる花火にしかすぎない。自然界はビッグ・バンで説明がつくほど簡単なものではない。近くに寄って見れば見るほど複雑な世界がみえてくる。その複雑で、豊かな創造力にあふれた宇宙では、すべてのものが流転する。そう考えると確率の法則など冗談にもならない。本当の世界はもっとデリケートである。法則もあるが、例外もある。時間もあるが永遠もある。世界を自動装置の機械だとする古い考えはもう捨て、古代ギリシアの発想に戻ってほしい。世界は芸術なのだ」

このイリヤ・プリゴージンの言葉は、私にはまるで千島の言葉のように思える。

そして、最近、プリゴージンの理論を裏づけるような実験が紹介されたという。それは、あるバクテリアを水というまったく相容れない媒体のなかに置いたところ、バクテリアは全体として非常に組織だった行動を起こし、自分たちの一部だけでも生き残らせようとしたというのである。

これは千島のいう、すべての物質に「親和力、または愛」があるという考えが正しいことを証明しているのではないであろうか。

一般的には、物質は精神とは別個に独立した存在だと考えられがちであるが、物質と精神を含めたエネルギーについての正しい概念をもつ必要を痛感する。

自然は不相称性（アシンメトリー）だからこそ美しい

パリティー保存の法則というのがある。パリティーとはもともと数学上の術語で、二つの整数があって、二つとも偶数か奇数であれば、その二つの整数はパリティーだといい、一つが偶数で一つが奇数の場合は、パリティーは反対だということから出た術語である。

物理学の世界では、素粒子の空間的な対称性のことを、とくにパリティー保存の法則と名づけたのである。そして、すべての原子は右と左が同じ、つまりパリティーの存在が認められていた。

ところが一九五七年になって、中国人の理論物理学者李政道と揚振寧の二人が、パリティーの法則は成立しないことを発見した。のちに二人はノーベル賞を与えられた。

放射性原子核の核崩壊の際、パリティーの法則が正しければ、放出される電子の数はN極もS極も同数でなければならない。ところが、コバルト60の原子核から出る電子は、S極から出る電子のほうが、N極から出る電子よりも多いという実験結果を得たのである。

原子の世界でも右と左は相称的(シンメトリー)だと考えられていたのに、ふたを開けてみると不相称性(アシンメトリー)だったのである。ここにパリティー保存の法則が破られ、宇宙はゆがんだものだということがほぼはっきりしたのである。

このとき、世界の物理学者は大騒ぎをし、アインシュタインの原理もゆらぐのではないかと言ったほどであった。

「生命の形態はアシンメトリーである」というのが生命弁証法の第九項目であるが、その事実が原子レベルで証明され、千島も同じ東洋人の大発見によろこびを表明したものであった。

自然界における左と右は相称的にみえて、実はすべてアシンメトリー（不相称性）である。これは人間のからだを調べてみても分かる。身体(からだ)の右側にある腕、足、耳、目、鼻孔(はな)、これらはそっくり左側にある。しかし、内部を調べてみると左側に心臓があるからといって、右側を見ても心臓はない。これはアシンメトリーである。また、腕、足、耳、目などにしても近似的な意味での左右相称で、あきらかにかたちも機能も不相称性である。二つの眼にしても左右の大きさは違っているのがふつうである。

レオナルド・ダ・ヴィンチは、ヴィーナス像の目や鼻その他を精密に測定して、必ず左右に少しずつゆがみのあることを知り、そしてそれが自然の姿であり、美の要素であることを知っていた。また、日本の建築家は、日光東照宮の陽明門に一本の逆柱を入れた。完全な調和を避け、ゆがみをもたせるためにである。

原子という極微の世界から、私たちの住む地球、さらに天体、宇宙空間といった極大の世界にいたるまで、自然はわずかにアシンメトリーであることがわかってきた。生物体においても、細胞、組織、系統、個体にいたるまで、わずかな歪みをもっている。神や自然はどうしてそのような歪みを造ったのだろうか。どうして完全を期さなかったのだろうか。

「真の美は少し不相称(アシンメトリー)を含んだ相称(シンメトリー)である。不調和の調和である。完全なる調和は死に通ずる。動きがないからである」これは千島の解答である。

宇宙の質量、エネルギーの総和は一定であり、増減はないとする熱力学の第一法則（エネルギー保存の法則）も、第二法則（エントロピー増大の法則）とともに、その地位をくつがえされるときがきっとくるだろう。これは千島の予言である。

いままで述べてきたことをまとめてみると「生命現象は波動と螺旋(らせん)運動としてとらえるべきである」という結論になる。

「人間は直線を好むが、自然は曲線を好む」と、千島は言った。

自然や生命の現象は、けっして直線的に進むのではなく、海岸の波が寄せては返すように、月が満ちては欠け、昼と夜が繰り返すというように必ず波動をもっている。

そして、その繰り返しは、同じ円の上をぐるぐるまわっているのではなく、カタツムリのカラの輪のように螺旋を描き広がっていく。

それが千島の見た自然界だったのである。

現代の科学は唯物論的で分析的な見方によって、物質や機械や化学の技術進歩を遂げてきた。

しかし、この驚異的な発展に精神はついてゆけずにいる。そして無生物を相手にする物理や化学にはその弊害も少ないが、生物学を基礎とする医学には多くの問題を残している。

いまこそ千島の生命弁証法の内容をよく検討し、人類の将来を考える指針のひとつとするよう、私はあえて提案したのである。

終章

自分の信念によって健康を管理する

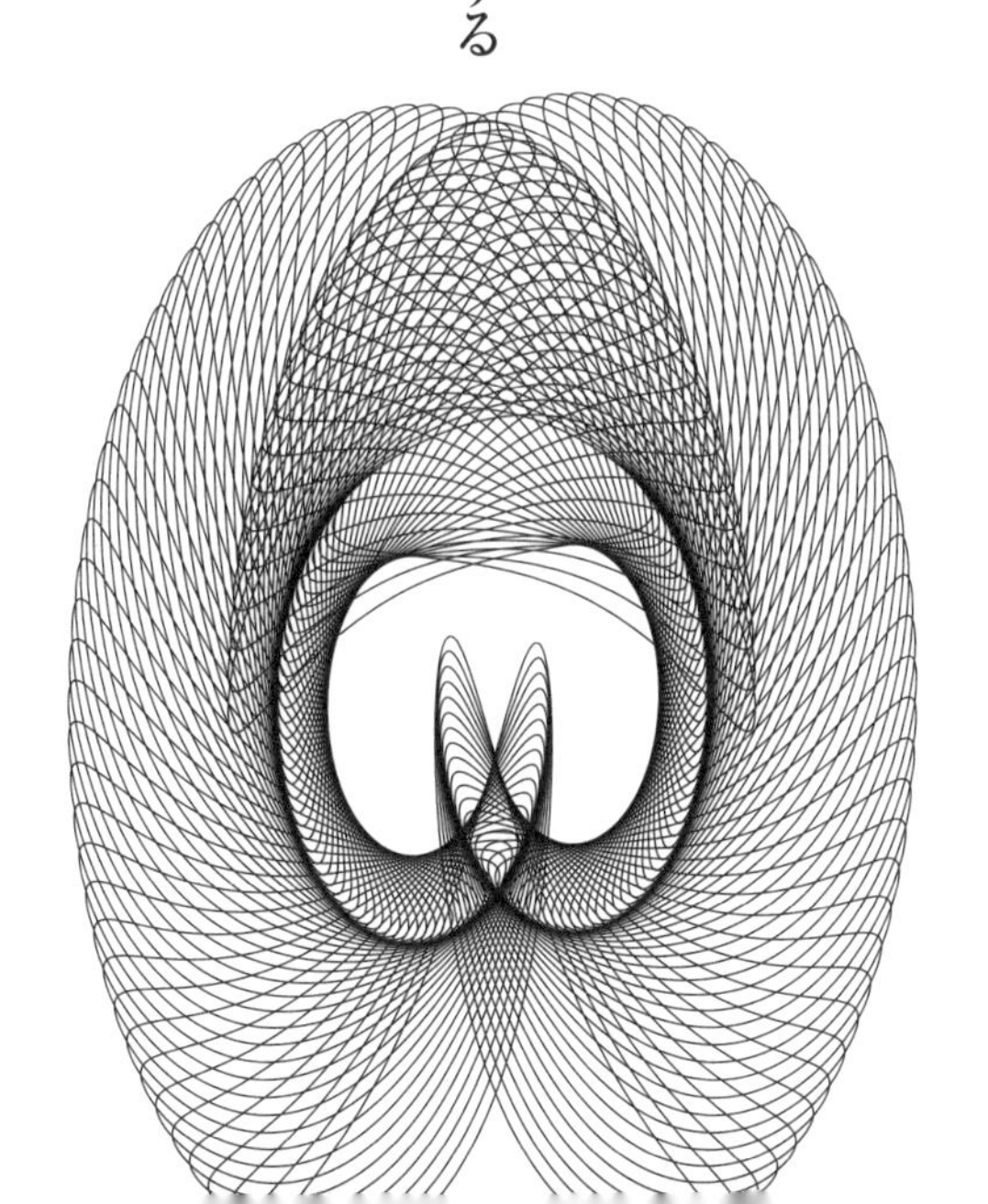

人間モルモットにされているがん患者

つぎの話は私が患者本人を眼の前にして、その家族から実際に聞いた話である。

患者は石田松枝氏という鳥取の人である。一九八二年四月に米子医大病院で肝臓がんと宣告された。手術をしても三ヶ月か、半年の生命だろうという医師の判断であった。それでも医師は手術をすすめ、患者の家族も放っておくわけにもいかず同意した。

手術をすることは決定したが、手術前の検査のために予定日が一週間も遅れた。ところがその間に家族のほうに動揺がおきた。手術をしても半年の生命なら、痛い目をさせずに、切らずに治るという東洋医学に望みを賭けてみようかという意見が出たのである。そして、石田家では何度も家族会議を開いた結果、最終的には退院させ、世間で噂されている加藤式療法に賭けてみようということになった。

患者の退院は病院の承諾を得なければならない。家族会議の結果を病院に伝えると、

「あなたがたは頭がおかしいのではないか。信じられない話だ」

医師側はそういう意見だった。

「三ヶ月から半年の生命だとおっしゃいましたね。手術して治る保証はないのでしょう?」

「でもやってみなければ分からない」

「分からないのなら、家族会議で決めたことが、信じがたいことでもないでしょう」

「しかし、手術すれば治癒する可能性がある」

「どんな可能性ですか。この病院で肝臓がんを手術して何人、助かったのですか」

「わずか一人だが、助かっているのは事実だ」

「たった一人！」

　私にその話をしてくれた石田松枝氏の娘むこの安藤茂夫氏は、声をあげて「たった一人ですよ」と、私に強調して語った。

　安藤氏はその言葉を聞いて、まったくなさけなかったという。大学病院で肝臓がんの手術をし、一人を除いてほかの人たちは、不幸な結果に終わっているのである。

　それなのに、医師は胸をはって一人の成功例をまるで手柄顔で語ったという。

　病院で成功した肝臓がんの例は、八センチ四方のがんで、石田氏のがんはそれよりは大きい一〇センチ四方のものである。しかし、手術のしやすい側にできているから、助かる可能性はあるというのが病院の意見だった。

　だが患者の家族はもう決心がかたまっていたから病院側を説得したが、退院までになお三日を要した。

その間の病院の動きは不可解だった。医師は家族にはひと言の断わりもなく、患者本人にいよいよ手術をすると通告したのである。そして、本人を検査室に連れて行き、およそ二百人の医師や関係者のさらしものにしたのである。まさにこれは患者の人権無視である。

このことを患者本人から聞いた家族は、

「退院させてほしいと言っているのに、家族に黙って本人に手術を通告するとはどういう意味か。また、何のために大勢の関係者が、患者のからだを見たのか。それを説明してほしい」

と、つめ寄ったのである。

「患者をどこへ連れて行こうとあなたがた家族の勝手だが、その前にここで切らせてもらえないか」

それが医師の返事だった。

家族はなかば病院と喧嘩ごしで強引に患者を退院させ、健康再生会館を開いている療術師、加藤清氏のところに連れてきた。

「患者を救おうという気が病院にはなかった」

安藤氏はそう言った。

「石田さんの肝臓がんが病院にしては珍しい例で、彼女は人間モルモットにされようとしたのではないか」

私はそのような感想をもった。それはほかにも患者をモルモットにした病院の内幕の話を何度か聞いたことがあったからだ。

加藤氏の治療をうけた石田松枝氏は一年半後のいまも元気である。

がん手術は病院経営のためなのか

一九八三年の五月の連休に、平塚十全病院の副院長である石神正文（まさふみ）氏がひょっこり大阪に来て、加藤清氏の会館を訪れた。

石神氏は現代医学の医師であるが、一九八一年から病院に加藤清氏が開発した東洋医学的な加藤式療法をとり入れている。この二年間で十人の患者にこの療法を試みた。完全治癒までいたった患者はまだいないが、確かに延命効果は認められたという。

そして、石神氏はこの東洋医学的な療法を行ないつぎのようなことに気がついた。がん細胞の摘出手術をまったく受けていない人、これを(A)として、手術を試みたが除去不可能のためそのままにした人を(B)、手術でがん細胞を除去した人を(C)、放射線療法、抗がん剤投与をまったくしなかった人を(a)、抗がん剤投与だけをした人を(b)、放射線療法（この場合は抗がん剤投与を併用している）をした人を(c)とすれば、治りやすさは〝Aa……Cc〟の順になるのではないかというのである。

「東洋医学的な考え方からみれば、これは当然なことかも知れない。生命力は個々によって異なるから、むろん例外はあるがね」と、石神氏。

「こと、がんに関していえば、医師はがん患者を殺しているといえますね。それが言い過ぎであれば、生命を縮めているといえますね」

と、そのとき、私は遠慮がちに言った。

「まぁ、そういうことだね」

石神氏も素直に認める。

「どうすればいいでしょう」

「どうすればといっても、現実の医療制度ではどうしようもない」

「手術、放射線、抗がん剤というこのがんの治療をやめたらいいでしょう」

「そんなことできないよ」

「どうしてです」

「この三つの治療法以外にがんの治療は現代医学にはないからだ。また、それをやらなければ病院の経営はなりたたないじゃないか。たとえば、盲腸の手術をするだろう。それだけでは赤字になるんですよ。そこで病院はどうするかというと点滴を打つ。昔はぶどう糖を注射するくらいだったが、それでは採算があわなくなっているのだ」

「がん治療も同じ考えでやっているわけですね」

「そりゃそうですよ。放射線の照射や抗がん剤の投与でがんが治るという考えをもっている医師は一人もいないよ」

「一人もですか？」

「あゝ、一人もだ」

「……………」

「そして、それがよくないことも医師は知っていてやっているんだ。なぜかというと、それをやらなければ病院がなりたたないからだ」

「医師の倫理がなくなったのですね」

「それを云々する前に、現行の医療制度を批判してもらいたいとぼくらは思うね。たとえば、加藤先生のところでは一回の指圧につき、二千円とか三千円というように患者さんからもらっている。病院でマッサージを行なった場合として健康保険で請求するのは、たった三百円ですよ。いや今月から値上げになって四百円になった。一日わずか四百円でどうします？」

「……………」

「あなたの正義感は分からないことはない。だが、現実をよく知らないと理想論に終わってしまう」

石神氏はそう言った。

石神氏は内科医である。がんの場合はまず外科に行く。いわゆる早期発見、早期手術というわけだ。手術できないがん患者や、手術したにもかかわらず転移したり、再発したものが内科に回る。彼は内科に来る患者は外科のしぼりカスだという。内科では抗がん剤を使う。放射線科ではコバルトを照射する。現況の医療制度ではそうなっているのだ。

石神氏は、そうした医療制度のなかで、患者とその家族の協力を得て、新しい試みとして病院内で加藤式療法をとり入れ、二年の模索をつづけた。そして、ようやく入口にたどり着いたという。

石神氏もいまの医療を変えなければならないという歴史の大きな流れを感じた医師の一人であろう。

「私は、いまの日本の医療の姿に怒りを抑えることはできない。いちばん大切な命の問題、あるいは健康の問題を、すべてカネで解決しようとしているからである」

と、言って医師免許を投げ返したのは塩月正雄氏の良心だった。

石神氏は医師として踏みとどまって、その改革に苦心をしている。どちらにしても、医師もまた現代医学の犠牲を負わされているように思える。

新しい医療をめざす医師もいる

徳州会病院に勤務する松本繁世(しげよ)氏に出合ったのは、一九八一年の夏、阿蘇山山中の産山村で開かれた研修会でのことだ。この研修会はある出版社が主催したもので、講師陣には、医学と農業を問題にしている竹熊宜孝(よしたか)氏、民間医療の研究実践家の小川紏(ただし)氏、韓国の漢方医の権威である鮮于基(そんぬき)氏。以上三氏の医師と、臨死患者をいかに死の恐怖から救うかという切実な問題にとりくんでいる宗教家の古川泰龍(たいりゅう)氏が加わった、ユニークな会合だった。

そのとき、同室になったのが松本氏である。氏は私より一歳下の三十九歳だったから医師としては若い。アメリカに三年間留学するなど医術に懸ける情熱は厚かったが、その時期は失望の底にいた。

「現代の医療は間違っている。この部分がよくてこの部分が悪いという問題ではない。部分修正ですむものではないのだ。一度すべてをたたきこわして、そして一から出直さなければならない」

松本氏はそのようなことを言った。

私はその意見を聞きとがめて、夜遅くまで語り合った。初対面でもあり、会話はおよそ抽象的なものに流れがちだったが、医療が患者不在になり、たんなる経済活動と化してしまったことに問題があるというのが、彼の考え方であり悩みだった。

松本氏は言った。今日死ぬ患者がいるとする。現代の医学であればその臨死患者を一週間や十日間なら延命させることはできる。ただしその費用はおよそ一日十万円で、そして健康保険は適用されないから、患者側の負担である。

しかし延命するといっても患者自身の意識はなく、ただ心臓を働かせることだけのための費用が、一週間で七十万円もいる。家族の気持ちからすれば、たとえ一時間でも生きつづけて欲しいと思うのは人情であろう。だが、結果的には経済的な負担だけが残る。病院はそれで儲けて経営しているから、一日でも延命させようと努力する。それは本来の病院の使命である治療とはほど遠い。

「私は家族を説得して何度も生命維持装置をはずした」

松本氏はそう言った。もちろん、病院の経営に反する行為であるが、彼の良心がそうさせたのだ。

この話は、患者を不在にして病院が経営に奔走していることに対する、彼の不満のあらわれのひとつにすぎない。私には語らなかったが、もっと深い悩みをもっているように思えた。

彼が病院をやめて山岸会というグループに加わったのは、それから三ヶ月後のことだった。

山岸会がどのようなものか私はよくは知らなかったが、農業に従事し牛や豚の世話をし、そして医療活動をしている松本氏に、一九八三年の夏、二年ぶりに会った。

頭髪にちょっと白いものがまじりだしていたが、眼の輝きと言葉の明るさで、いまの生活が充実していることが感じられた。

「率直にたずねたいが、医療に対する考え方で根本的に変わったことはどういうこと？」

「病気を治療するというのではもう遅いと思う。この考えは病院に勤務していたときからすでに考えていたことだが。ここに来て、毎朝六時には起きて牛の世話をしている。最初は辛かったが、やがて慣れてきた。それで思ったのだが、やはり現代人が失っているものは運動だ。流行しているジョギングも運動のひとつだが、ぼくの考えは生産性に結びついた運動をすべきだと思う。たとえば畑仕事などだ。そしてそうした労働が病気の予防にいちばんだと思う」

「それで医師の仕事は？」

「近くの病院に勤めている。これは、将来の計画を実現するまで、自分の医師としてのテクニックがおとろえないようにというのが主な目的だ。山岸のグループではみんなが元気なので医師としての役割があまりないのだ」

「その病院のなかで、昔のようにまた矛盾を感じることはない？」

「まったくないこともない。しかし、いまの病院は担当医の主体性を重んじてくれるのだ。また、ぼくは病院に診察を受けに来た患者に、できるだけ自宅で療養するよう指導している。そして、食事指導を中心に、外診して回っているのだ。この病院ではそれができる」

それが現在の松本氏の生きざまであり、考え方のようだった。こうした医師は稀である。

しかし、新しい医療をめざす医師が新しい方向に動き出したひとつの例である。

現代医療の誤ちに気づき始めた

「アメリカの若い医学生たちは、自分たちの学んできた合理的医学の不合理性に気づきはじめている。従来の医術のあり方への反省から〝人道医学〟が提唱されている。病気の症状は医者でも治せるが、真の治癒ができるのは病気にかかっている本人のみなのだという認識がたかまりつつある。患者の自主性と人間らしく生きるという願いは、人間らしく死ぬ権利の主張をも呼びおこしている」

これは序章で紹介した、マリリン・ファーガソンが述べていることだ。

この言葉と、私の友人松本氏のとった行動とはなんと似ているではないか。

私はいままでの医療が新しく変わりはじめたという思いを、私が接してきた医師や療術師を見ていて感じる。しかし、私の知り得ている人は、そのひと握りの人にすぎない。

書店に行けば現代医学に反対する健康法の本が氾濫しているし、著書はもたなくとも独自の道場や健康センターをもつ治療師がいる。また、会合や集会を活動の場にしている医療、健康に関するサークルや啓蒙家がいる。

もっと一般的には、健康食品を製造したり、販売したりする人々、健康器を考案したり、販売したりする人々であろう。彼らはたぶんに営業的ではあるが、また、新しい医療のあり方をさぐっている人々でもある。

今日の健康ブームは、裏返せば現代医学の批判である。このブームは、医師に預けっぱなしになっていた健康管理を、もう一度自分の手のうちに取り戻そうということで、私は大いに評価できると思う。

病気になれば医者や薬に頼っていた人が、病院離れをして、指圧院に通ったり漢方医に診てもらったりするようになった。また、食生活の改善や家庭用健康器などを用いることによって、健康を自衛するという考え方も浸透するようになってきた。

しかし、一方ではその道の専門家と称する人たちの健康管理に対するもっともらしい説明のなかにも、迷信がまかり通っているものもある。

また、東洋医学者や民間療法家の間でも、具体的な点については、意見がくい違い混乱している。ある指導者が正しいとすることがらが、別の指導者になると間違ったことになる。それでは私たちはどちらを信じていいか分からない。

そのひとつの例をあげれば、牛乳論争である。牛乳を飲むことは人間の健康に寄与するという説と、いや有害だから飲んではいけないという説である。同じ東洋医学を基盤とする指導者のなかで対立している。

指導者はともかくとして、私たちにとってはそのような論争など、まったく無益である。私たちは専門家ではないから、医師の助け、治療師の助け、あるいは指導者の意見に耳を傾けるということは大切なことである。しかし、それを判断する正しい知恵をもたねばならない。

科学のいびつな進歩は、現代の医学を奇妙な方向に進めたが、だからといって、科学そのものを否定することは間違っている。生命弁証法で示した正しい方法論による素朴な科学は、私たちの生活、とくに健康問題ではぜひとも必要である。

新しい医療、私はそれを「自分の信念にしたがって健康を管理する時代」と呼びたいが、それを実現するために、千島学説を世に問いたかったのだ。

なぜなら、新しい行動に移るには、新しい理論がどうしても必要なのである。そこで千島学説のまとめをしながら、新しい医療のあり方を最後にさぐって締めくくりとしたい。

〝病気を治す〟のか〝病人を治す〟のか

東洋医学が現在、なぜ見直されているのか。それは西洋医学一辺倒の現代医学が〝病気を治す〟のに対して、東洋医学は〝病人を治す〟ということにあるからだ。現在の病院では、病気は治ったが患者は死んでしまったという笑えない話もある。

東洋医学の基本的な考え方とは何か。千島が好んで引用した言葉は、陳邦賢が書いた『中国医学史』の序文にあるつぎの表現である。

「東洋医学の基礎理論は、西洋医学と違って自然を尊び、陰陽原理、全体性、とくに気血の調和を重視し、保健、予防医学を首位におき、薬物療法を二次的なものとした」

このなかに東洋医学の特質が、きわめて簡潔に表現されている。

自然を尊ぶという東洋的な考えに対して、西洋は自然を征服し自然と闘うという姿勢がある。生物学の分野でも、分子生物学の時代に入り、分子構造を調べるまではよかったが、遺伝子組み換えなどの実験をするまでになっている。

今日、地球上にある生物は、きびしい自然環境の変化に耐えて生きのびてきたのであるから、健康な遺伝子をもっているはずである。でないと子孫を遺せない。だから、人間の力によって自然に反する変異を起こさせても、そこから健全で優秀な生物の子孫が得られるはずはないのだ。

自然を尊び自然とともに生きるものは栄え、自然にそむき不自然な生活をするものは亡びる。これは厳然とした事実だ。遺伝子組み換えは自然に反しているし、その研究をしている科学者は哲学をもたない学者だと、千島はするどく批判した。人間破壊への道を歩み出していると警告したのである。

また〝陰陽原理、全体性、気血の調和〟という考え方も西洋医学に欠けているものである。陰陽原理とは〝生命弁証法〟でも述べたように、悪くなったら悪くなったことだけを見るのではなく、良いときと悪いときを一緒にして考えるという二元を一元としてみる方法である。全体性というのは、先に述べたように患部だけにこだわるのではなく、患者自身にそれを治させようとする姿勢である。

気血の調和というのは、何度も繰り返してきたように、病気は肉体的な障害だけではなく、かならずその裏に精神的な支障が関係しているということをいっている。

現代医学がかかえている問題は、人間のからだを物質としてとらえているために、全体としてなりたっているということを忘れ、どうしても悪い部分だけに眼がいくことであろう。そして、それを科学だけで解決ができると信じていることである。

千島はそれを「科学迷信」と表現した。「迷信とは真実でないことを信じることによって害を受ける場合をいう」のだとすれば、現代科学の常識を信じその原理を信じ、そして、医学知識が原因の〝医原病〟にかかったり、薬公害に悩む人々が多いということは、科学迷信というワナに落ち込んでいるということになる。

数年前、インターフェロンこそ、がんの特効薬として注目され、一般からも大きな期待が寄せられた。しかし、結果はさんたんたるものだった。その夢は破られ副作用までも問題にされている。このとき私たちがそれを信じたということも、科学に対する期待感からではなかったであろうか。

〝保健、予防医学は第一、薬物療法は第二〟というのも、治療を第一とする現代の医学とは違った考え方であり、東洋医学の特質である。

『書経』や『通義録』に「草根木皮これ小薬、飲食衣服これ大薬、身を修め心を治むるをこれ薬源なり」という言葉がみえる。

ふだんの食事や衣服が薬であり、精神の修養をするのが健康の基本だといっているのである。これの意味するところは〝保健・予防は第一〟ということになる。〝薬物療法は第二〟という。またその薬物にしても、〝化学的合成新薬〟ではなくて草根木皮である。つまり、草の根や木の皮を薬としている今日の漢方薬にあたる。それでも薬で治療する方法は最低のものだと説いている。

現代医学とまったく反対といえる。

薬をきちんと飲めば病気になる

人類が直面している危機は、およそ三つに分けられると思う。

その一つは、核戦争によって人類や地球が急速に破滅の方向へ向かうことである。

その二は、科学や技術文明が一方的に発達することで、自然破壊や公害が続出し、人間の健康が少しずつおかされていって、人類が滅亡することである。

その三は、人類が生き残れるほどの食糧がこれから確保できるかどうかということと、また、石油、石炭、天然ガスなどのエネルギーがはたしていつまで枯渇せずにたもてるかという資源の問題である。

これらを解決するには、とても科学の力だけをあてにすることはできない。むしろ、科学の発達を遅らせて、物質や経済優先の思想に歯止めをかけ、東洋が伝統的に受け継いでいる精神文明をいま、このときに復活させることが肝心ではなかろうか。

たとえば、一人の人間で考えてみれば、人間性と人間の生命や健康に対する価値観をとりもどすことにあろう。

　そのためには、なんとしても自然や生命に対する正しい知識を学びとる必要がある。その指針が千島の〝生命弁証法〟であった。なぜならそれが、自然と私たちの生命をひとつにした、まったく例外のない理論だからである。

　一八七三年（明治六年）に、日本の医学制度が改革され、それ以後、東洋医学関係者は国家的な施設や研究の場を得られず、西洋医学が中心となって今日に及んでいる。そして、その西洋医学一辺倒は、百年後の現代になって大きな問題を起こしているのである。

　それは、現代の医療制度に大きな問題をなげかけている。いまの日本の医療制度では、病人がいなくなったら医師はあがったりだ。だから、もっとも肝心な立場にいる医師が、健康運動を本気になってやらないのである。

　がんの予防運動などでも、医師や関係者が本気になれば、がんの死亡率はいちじるしく低くなることは目に見えている。なのに医学にたずさわるものは、治療に専念してそれを行なわない。なぜか。病人がいなくなれば医者はなりたたないという医療制度になっているからだ。

　千島学説と東洋医学の方法論をがん研究所や厚生省が中心になって徹底して研究すれば、がんになる人は、いまの十分の一、いや百分の一ぐらいに減るのではないだろうか。

なのに医師はそれをせずに、早期発見、早期治療に声を大にしている。

しかし、どんなに早期発見、早期治療をしても、ほとんどの患者は半年ほどで死ぬ。やはり、これも医療制度が悪いのであって、それで医師も本来の姿とは遠くかけ離れたことを行なっているというのが現実だ。

日本の医療制度だと、たとえば開業医なら自分の区域に患者がたくさん出たほうが儲かるようになっている。流感がはやったり、風邪がはやったり、コレラ騒ぎなどがあると、ずいぶん儲かる。自分の区域に一人も病人が出なかったら医者は困る。

医療を国営にし、国が医師に俸給を出し、その医師の成績は、その管轄において病人や死亡者が少ないことで評価されるとすれば、事態が改善するばかりか、国益にもはるかにプラスになる。

現実の医療制度は保健法があって、ある程度の病気なら本人は無料、家族でも半額である。だから行く必要のない軽い風邪でも何かというと安易に病院に通い、医師に負担をかけ、そして儲けさせている。

そのうえ、いまの保険制度では薬をあたえたり、手術をしたりすると点数があがるようにもなっている。

そこで、医師も必要以上に患者に薬をあたえようとする。これが、乱診を生みだす土壌となっている。病院でもらった薬をまじめに飲めば、それだけで病気になる。

しかし医師はそんなことにはおかまいなく製薬会社と提携し、薬を安く仕入れ、患者にどんどん薬をあたえる。そして病人をつくるという悪循環を繰り返しているのだ。日本の医療制度は徹底していて先進的にみえるが、保険制度など見直さなければならない問題が、いくらでもあるのではなかろうか。

日本の医師は独禁法に違反している

千島はかつて〝医療国営論〟を唱えたことがある。

私たちが、朝から晩まで働いて金を貯める理由のひとつは、万一病気をしたときに治療費がかかるから、それを準備することにある。しかし、いったん大きな病気をすると、せっかく貯めた預金もいっぺんに費やされてしまう。これでは、まるで医師を保護するために働いているようなものだ。

そこで、医療を国営にして、病気になったら国家がタダで治療をするようになれば、国民は安心して働けるし、たいへん合理的だというのが千島の考え方である。

国民保険制度、あるいは国民皆保険制度というのができ、また、老人の医療は無料という制度ができて、日本では医療国営に近いものになっている。だから、これでよいという考えもあり、医師などはそう思っている。

ところがそうではなく、国民保険制度には非常に弊害があり、矛盾があるのだ。

人間の生命には貧富の差がないのだから、病気になっても同じ部屋で受けるのがあたりまえである。けれども、いまの医療制度の下では、病院に入っても特等席があり、また高級な薬があって、保険ではまにあわず、プラスした費用がかかるようになっている。

また、東洋医学や民間療法もとり入れられておらず、これら有効な療法も保険制度からはずされているのだ。このように差別待遇がある。

この医療国営論は、実は千島の専売特許ではない。実際にやっている国がある。朝鮮人民共和国、つまり北朝鮮である。

北朝鮮では医療が無料で、国が医者を地域別に割り当て、たとえば、平壌なら平壌の何区はどの医者に任せるといった具合いになっている。担当の医師はその地域を巡回し、健康管理の指導を行なう。そして、その地域の住民に病人が少なくなったり、死亡率が下がったりすると、医師の月給が上がる仕組みになっている。

日本の医療制度とはまったく逆である。北朝鮮の医療制度は、この点において非常に進歩していて、その面だけ見れば医療の先進国である。

中国にも進んでいる面がある。中国の医療は国営にはなっていないが、国営に近い状態になっている。病気になれば原則では個人負担であるが、ほとんどは事業の団体で支払うようになっている。コルホーズ、あるいは工場の団体で支払うようになっている。

また、医科大学その他で、東洋医学の講座を設けて、西洋医のほかに東洋医をうみだしている。西洋医学を学んだ医者しかいない日本の場合とは違っている。つまり、学生は東洋医学と西洋医学の二つの課において、どちらでも自分の好きなほうを選び学べるようになっている。

日本でも最近になって私立では東洋医学科ができたが、国立、公立ではまったく行なわれていない。西洋医学一辺倒である。

また日本では医者が都市に集中して、無医村などがいまもって問題になっているが、中国では優秀な医師がよろこんで農村におもむき、農村のために働くという気質がある。そして、医師も農民と同じ服を着て働く。

中国では〝はだしの医者〟という独自のシステムがあって、活躍している。これは田畑の畦を、救急袋や医療袋を肩にかけて、駈けまわっている医師のことだ。病人が出れば、すぐに漢方薬をあたえたり鍼灸をほどこすというそうした心得をもった人たちである。このような〝はだしの医者〟は、国家が養成するのではなく、その事業団体、農村なりが三ヶ月、四ヶ月で養成する。

この〝はだしの医者〟より少し権威の高いのが〝補助医〟で、これは農村の子弟、国民、軍人、工場の労働者のなかから、医学的にみて優秀なものを集め、一年間医学教育を受けさせた人たちである。この補助医は二十種類の病気を治す方法と予防を覚える。漢方薬の処方箋と鍼灸の方法も覚える。

このような補助医、また、はだしの医者が医療ミスをしても法律で処罰されることはない。ただ、医師としての精神に反している場合、精神の汚れからミスが起こったことが分かれば、これは処罰される。そのようなシステムになっている。

だから、補助医もはだしの医者も治療には一生懸命になる。ともすれば日本の医師より、精神的にははるかにすぐれているだろうし、下手をすると技術も上かも知れない。それは、日本のように規則ずくめでなく弾力性があるからだ。

また、中国では医師の実際の力を評価する。医療の看護人でも看護婦でも、また、はだしの医者でも、彼らが勉強をして優秀な成績をおさめれば、どんどん正規の医師に昇格させるようになっている。だから、彼らはより以上に献身的に奉仕の精神を発揮し、けんめいに動くのかも知れない。

どちらにしても、日本が学ぶことが多いのは確かである。

日本の医師は、政治献金などで政府と癒着し、人間の生命を扱っていることをたてに、特殊な法律で守られ、医師会は力のある大きな団体になっている。

そこで医師にも独占禁止法を適用し、自由競争をさせたらどうであろうか。それには、東洋医学や民間療法などを参加させ、病気を治すのは医者だけでないということを大衆に示すことだ。そうすれば、薬を飲ませて病気をさらに悪くするような病院には行かなくなる。これが千島のアイデアであった。

しかし、日本の医療の現実は、特殊な医師法というのが設けられていて、病気は医師以外が診断、治療してはいけないことになっている。下手に東洋医学や民間療法で、医師の真似をすると、医者の権利を犯したということですぐに処罰を受けることになっている。医師たちは法律の規制の下で、いわば大きなあぐらをかいているのだ。

江戸時代から明治にかけて、西洋医学が導入され、そのとき、漢方、つまり東洋医学は古いということで、切り捨てたのがそもそもの間違いだったのではないか。

千島は、現代医学を批判するばかりではなく、具体策として、北朝鮮で行なわれている医療国営化を提示し、そして、中国で行なわれている西洋医学、東洋医学を両立させている姿勢に、日本も学ぶべきだと述べた。

これは正しい提案だと思う。しかし、そうした方向で日本の医療制度が改革されるかというと、現実的には絶望的だといわざるを得ない。

では、私たちができることは何か。それは私たち一人ひとりが、生命や健康についての正しい知恵をもち、医療について正しい判断を身につけることしかない。のっぴきならぬときは医者にかかるとしても、対等の立場で医師とともに自分の生命に責任をもつべきであろう。

自分の信念によって自分の健康を管理する、そんな時代がきた。千島学説はそのための理論だと私は思う。

●プロフィール

悴山 紀一（かせやま・きいち）（1941 年〜 2010 年）
1941 年、大阪府生まれ。大阪府立北野高校定時制課定卒。専ら文学の創作分野を志向し、同人雑誌『模索』『日曜作家』を主宰し、著書に『西鶴の妻』などがある。
1976 年、元岐阜大学教授だった晩年の千島喜久男博士に出会い、その学説に傾倒し博士の没するまでの 2 年余師事し、その薫陶を受ける。博士没後、千島教授の最後の弟子として、『間違いだらけの医者たち』（徳間書店）、『千島学説入門』（地湧社）で、千島学説を紹介し現代医学に挑戦、新進気鋭の医事ライターとして期待される。しかし学説は受け入れられず 10 年余沈黙。千島学説の復興にともない、その著作がいまにわかに注目を浴びている。

株式会社なずなワールド代表
赤峰 勝人（あかみね・かつと）
1943 年 5 月 17 日、大分県野津町に生まれる。地元で、宇宙の真理に根ざした循環農法で完全無農薬野菜を育てる百姓を自任。1986 年「なずなの会」を設立。畑仕事の合間に、なずな新聞の発行、なずな問答塾、日本各地での講演、健康相談などの活動を通して、循環の尊さを訴え続けている。自らの理論を立証する「千島学説」を講演や著書で多くの人に紹介している。著書に『ニンジンから宇宙へ』『アトピーは自然からのメッセージ』『私の道』『循環農法』（以上、なずなワールド）『食のいのち 人のいのち』（笑がお書房）などがある。

新装版　生命の自覚　～よみがえる千島学説～

2021年7月29日　第1刷発行
2024年6月24日　第5刷発行

著　者　　悴山紀一
発行人　　伊藤邦子
発行所　　笑がお書房
〒168-0082　東京都杉並区久我山 3-27-7-101
TEL　03-5941-3126
https://egao-shobo.amebaownd.com/
発売所　　株式会社メディアパル（共同出版者・流通責任者）
〒162-8710　東京都新宿区東五軒町6-24
TEL　03-5261-1171

デザイン　久慈林征樹　市川事務所
印刷・製本　シナノ書籍印刷株式会社

■お問合せについて
本書の内容について電話でのお問合せには応じられません。予めご了承ください。ご質問などございましたら、往復はがきか切手を貼付した返信用封筒を同封のうえ、発行所までお送りください。

定価はカバーに表示しています。

ISBN978-4-8021-3268-8　C0277

＊本書は『生命の自覚～よみがえる千島学説～』（マガジンランド2018年9月刊）を新装復刊したものです。